침 튀기는 인문학
Saliva

침 튀기는 Saliva 인문학

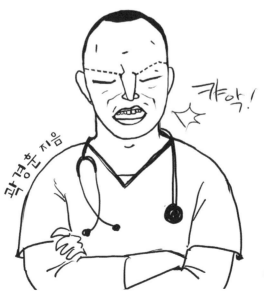

곽경훈 지음

캬악!

침, 진화의 칵테일

2007년 여름 연구차 한 달여 간 하버드대에 머물던 시절 하버드대 비교동물학박물관 도서관 신간 코너에서 〈Survival of the Sickest〉라는 책을 발견했다. 평생 적자생존Survival of the fittest에 관해 공부하며 살아온 내게는 눈에 확 들어오는 제목이었다. 2010년 〈아파야 산다〉라는 제목으로 번역돼 나온 이 책에서 저자는 우리가 유전자 때문에 질병에 시달릴 수 있지만 또한 바로 그 유전자 덕에 생명을 유지할 수도 있다고 설명한다. 우리 유전자는 이전의 모든 생물체가 진화하며 남긴 유산이자 온갖 시련을 겪으며 살아남은 삶의 기록이다.

2006년 가을 아들의 거듭된 요청으로 기르게 된 닥스훈트가 몸을 풀었다. 책상 밑에 마련해준 아늑한 잠자리에서 밤새 일곱 마리

최재천

이화여대 에코과학부 석좌교수
생명다양성재단 / 통섭아카데미 대표

의 새끼를 낳았다. 나 역시 함께 책상 아래 꾸부리고 앉아 꼬박 밤을 샜다. 그런데 문제가 발생했다. 몇 번째였는지 기억이 나지 않지만 갓 태어난 새끼 한 마리가 숨을 쉬지 못하고 늘어졌다. 이미 여러 마리를 출산한 어미는 시칠 대로 지쳐 있었건만 축 늘어진 그 새끼의 몸을 5분이 넘도록 핥아 끝내 살려냈다. 그때 나는 핥는 물리적 행위도 물론 중요하겠지만 어미의 침이 새끼의 삶을 일깨우는 역할을 했으리라 생각했다. 그런데 이 녀석들이 크면서 아플 때마다 수의과병원에 가면 상처를 핥지 못하도록 **빳빳한** 플라스틱 칼라를 씌우는 게 아닌가? 엄마의 침은 깨끗하고 위대한데 새끼의 침은 더럽고 위험한가?

저자 곽경훈 의사는 삭막하기 그지없는 응급실에서 일하는 의사인데 글은 어쩌면 이렇게도 따스하고 맛깔스럽게 잘 쓰는지 감탄이 절로 나온다. 코로나19 때문에 갑자기 침에 대한 관심이 늘었다. 밀폐된 공간에서 침방울(비말)이 얼마나 오래 공기 중에 떠 있으며 얼마나 멀리 옮겨갈 수 있는지가 사람들의 초미 관심사다. 멀쩡하던 개가 공수병 바이러스에 감염되면 침을 주체하지 못하고 질질 흘려 대며 그 작은 모기가 내뱉는 침 때문에 해마다 수십만 명이 목숨을 잃는 마당에 침에 관한 책이 왜 이제야 나왔을까 궁금하기까지 하다. 동서양을 막론하고 침에 관한 인문학 책은 이 책이 처음이다.

저자는 피가 고결한 생명을 의미한다면 침은 더럽고 굴욕적인 이미지를 지닌다고 설명한다. 드라큘라는 사악하지만 이성적이며 아름답기까지 하다. 반면 좀비는 무섭고 끔찍하지만 사악하지는

"동서양을 막론하고
침에 관한 인문학 책은
이 책이 처음이다."

않다. 저자는 그래서 드라큘라는 자본주의의 사악함을 상징한다고
말한다. 우리 사회의 유명인들 목숨을 특별히 많이 앗아간 에이즈
는 침이 아니라 피와 정액으로만 전파된다. 은근히 사악하다.

　〈Survival of the Sickest〉를 읽던 어느 날 나는 우연히 같은 제목
의 노래를 들었다. 찾아보니 2004년에 발표된 곡인데 그걸 부른 밴
드의 이름이 절묘하게도 'Saliva(침)'였다. 인간의 침은 오묘한 진화
의 칵테일이다. 우리 몸의 진화에 관심 있는 분이라면 이 책 〈침 튀
기는 인문학〉을 침 발라 읽어야 한다.

차례

추천사 • 4

프롤로그 • 10

이야기 하나
무시무시한 침의 공포 • 17

이야기 둘
모기의 침 • 35

이야기 셋
침을 마르게 하라,
1995년 3월 도쿄와 2010년 가을 대구 • 59

이야기 넷
침과 피, 좀비와 드라큘라 • 73

이야기 다섯
재즈클럽에서 침 뱉기 세 번 • 95

이야기 여섯
볼거리, 백신 그리고 핍박받는 선지자 • 107

이야기 일곱
어느 과학자의 실험 • 127

이야기 여덟
침으로는 가능하지 않습니다 • 147

이야기 아홉
침에서 태어난 지혜로운 자 • 165

이야기 열
흘러내리는 침 • 187

이야기 열하나
살아 있는 여신과 코브라 • 201

이야기 열둘
비말, 세계 대전과 스페인 독감 • 217

이야기 열셋
물린 자국과 침의 DNA • 239

에필로그 – 밀리오네의 침뱉기 예절 • 252

참고문헌 • 260

1

낮 동안 지상 세계를 보살피던 태양, 위대한 라Ra가 이끄는 배가 강 서쪽으로 사라졌다. 거기에서 지하 세계로 발길을 옮겼다가 다음날 아침 동쪽에서 떠올라 인간에게 빛을 가져다줄 것이다. 위대한 라가 지하 세계에서 인간 세상으로 돌아오지 않으면 어둠은 끝없이 계속될 것이다. 식물은 시들고 인간과 가축은 굶주리며 오직 인간의 살과 피를 노리는 맹수와 해충만 번성할 것이다. 그러니 라께서 어둠의 뱀을 물리치고 지하 세계를 무사히 지나 다시 동쪽에서 나타나길 간절히 기원해야 한다. 라께서 지하 세계로 가지 않고 계속 인간 세상에 머무는 것은 상상만 해도 끔찍하다. 라께서 어둠의 뱀과 싸우며 지하 세계를 지나는 동안 인간은 낮의 열기에서 벗어나 휴식을 취하고 잠을 청할 수 있기 때문이다.

사내와 같은 석공은 더욱 그렇다. 라께서 지하 세계로 가지 않아 낮이 계속되면 사내도 끊임없이 돌을 다듬어야 한다. 물론 강을 통해 날아온 거대한 돌을 통나무와 도르래로 옮겨야 하는 일꾼들에 비하면 사내의 사정은 훨씬 낫다. 돌을 깎고 다듬고 나무쐐기를 써서 정확히 잘라내는 데에는 날카로운 눈, 섬세한 손, 담대한 마음, 풍부한 경험이 필요할 뿐 거친 팔, 억센 등, 튼튼한 다리가 필요치 않기 때문이다.

그래도 밤이면 피곤했다. 석공은 일꾼들보다는 지위가 높아 저녁마다 보리와 밀을 섞어 만든 빵과 물고기, 약간의 대추야자도 먹을 수 있었다. 그것만으로는 낮 동안 몸에 쌓인 열기를 가라앉히기 어려웠고 코와 입에 들러붙은 텁텁한 돌가루와 먼지도 씻어 내릴 수 없었다. 석공은 항아리를 통째로 들고 그 안에 담긴 액체를 벌컥벌컥 들이켰다. 갈색의 걸쭉한 액체가 혀끝에서부터 입안을 채우고 목구멍을 통해 식도를 타고 내려가 위에 도달할 때까지의 움직임이 하나하나 느껴졌다. 사내가 거침없이 액체를 들이켜고 나서 항아리를 내려놓았을 때는 이미 절반이 비어 있었다. 톡 쏘는 느낌이 입안에 감돌았지만 강하지는 않았다. 입 안에 투박한 찌꺼기가 꽤 남아 있었지만 사내는 개의치 않고 혀로 훑어서 모두 삼키고서야 만족했다. 낮의 열기에 두근거리던 가슴이 차분해졌고 코와 입을 괴롭히던 텁텁한 느낌도 사라졌다. 기분 좋은 나른함이 몰려오자 사내는 곧 잠에 빠져들었다. 위대한 라께서 지하 세계를 지나 강 동쪽에서 떠오르면 사내는 새로운 힘으로 다시 돌을 다듬을 수 있을 것이다.

2

트로이 전쟁에서 양쪽을 대표하는 전사였던 아킬레스와 헥토르가 주로 마셨던 음료는 무엇일까? 한니발이 알프스를 넘으며 혹독한 추위를 잊기 위해 마셨던 음료는 또 무엇일까? 노예 반란을 이끈 검투사 스파르타쿠스는 최후의 결전을 앞두고 무엇으로 목을 축였으며 네로 황제가 불타는 로마를 바라보며 미치광이 같은 웃음을 터트리며 마셨던 음료는 무엇일까? 최후의 만찬에서 예수가 제자들을 바라보며 '너희 가운데 한 명은 나를 배신할 것이며 다른한 명은 내일 새벽닭이 울기 전에 세 번이나 나를 부인할 것이다'라고 말하며 집어 들었던 잔에 담겨 있던 음료는 무엇일까? 역사를 좋아하지 않는 사람도 이런 질문에는 쉽게 대답할 수 있을 것이다. 고민할 필요도 없이 답은 '포도주'다.

그렇다면 비슷한 시기에 이집트인들이 마셨던 음료는 무엇일까? 강압적인 표정으로 모세에게 '히브리 노예를 풀어줄 수 없다'고 말한 파라오는 분노한 마음을 무엇으로 다스렸으며 나일강 주변의 비옥한 농토를 일구던 농부와 피라미드를 짓던 일꾼은 고된 일상에 지친 몸을 무엇으로 위로했을까? 그것도 포도주였을까? 아니다. 포도주는 그리스인과 로마인의 음료다. 알렉산더 대왕의 장군인 프톨레마이오스가 이집트의 파라오가 된 후라며 몰라도 '이집트인이 이집트를 다스리던 시절' 이집트에서 포도주는 일상의 음료가 아니었다. 가난한 농부와 피라미드 일꾼부터 파라오에 이르기까지 이집트인이 즐겨 마시던 음료는 다름 아닌 맥주였다. 맛도 없고 툭 하면 설사와 구토를 일으키는 물보다 오히려 맥주를 더 많이 마시다 보니 때로는 일꾼들에게 품삯으로 지급되기도 했다.

그런데 고대 이집트인들이 마셨던 그 맥주는 오늘날의 맥주와는 다른 것이다. 보리나 밀을 원료로 하는 것은 같지만 고대 이집트에서는 오늘날처럼 홉hop을 사용하지는 않았다. 고대 이집트인은 맥주를 만들기 위해 우선 밀이나 보리로 빵을 구웠다. 빵집이 곧 양조장이었으며 제빵사와 양조사의 구분도 없었다. 그렇게 구운 빵을 잘게 찢어 찬물과 뜨거운 물이 담긴 통에 나누어 담아 일정 시간 동안 그대로 놓아두었다가 하나의 통에 합친 다음, 미지근한 상태가 지속될 정도로만 데워주면 발효가 시작되고 적당한 시간이 흐른 뒤에 맥주가 완성된다.

물론 농부나 피라미드 일꾼이 마시던 맥주와 파라오나 성직자가 마시던 맥주가 같은 것은 아니었다. 파라오와 성직자를 비롯한 상류층이 마시던 맥주는 발효 과정이 시작될 때 꿀이나 대추야자를 넣어 만들었기 때문에 도수(알코올 함량)가 높고 맛과 향도 뛰어났다. 꿀이나 대추야자를 넣어주는 이유는 당분 함량이 높을수록 발효가 강하게 일어나기 때문이다. 밀과 보리로 먼저 만들어둔 빵을 찢어서 물에 섞는 과정을 거치는 이유도 보리와 밀의 탄수화물이 녹말starch 형태라서 발효가 어려워 미리 그런 과정을 거침으로써 녹말을 당분sugar으로 바꾸어야 했기 때문이다. 또 발효 과정에 들어가면서 꿀과 대추야자를 넣어 줌으로써 당분을 추가로 넣어 주면 빵으로만 만들었을 때보다 맥주의 도수가 높아지고 맛과 향도 좋아진다.

그렇다고 농부와 피라미드 일꾼들이 마시는 맥주에까지 꿀과 대추야자 같은 값비싼 첨가물을 넣기는 어려웠다. 상류층이 마시는 맥주보다 빠르고 단순하게 만들 필요도 있었다. 그 조건에 걸맞게 꿀과 대추야자 대신 아주 독특한 물질을 첨가했다. 가난한 사람들이 마시는 맥주이니 당연히 구하기 힘들거나 비싼 물질은 아니었다. 구하기 쉽고 비싸지도 않지만 지금이었다면 과연 그런 물질을 음료에 넣을 수 있을지 도저히 상상할 수 없는 물질, 그것은 다름 아닌 인간의 침saliva이었다! 밀이나 보리로 구운 빵을 잘게 찢어서 물에 섞어 걸쭉한 액체를 만들 때 인간의 침을 같이 섞어 주면 침에 포함된 아밀라아제amylase 덕분에 녹말이 더 빨리 당분으로 변할 뿐만 아니라 침에 포함된 다양한 미생물이 발효를 촉진시켜 독특한 향까지 생겼다. 실제로 오늘날에도 남아메리카 인디오는 입으로 씹어 만든 옥수수 반죽으로 치차Chicha라는 전통맥주를 만들어 즐긴다.

어쨌거나 4,500년 전 유명한 기자의 피라미드를 만든 일꾼들은 인간의 침을 섞어 발효시킨 맥주를 물보다 자주 그리고 많이 마셨다. 그러고 보면 우리가 매일 별다른 생각 없이 뱉는 침이 파라오의 영원한 안식처를 만드는 것에 적지 않게 공헌을 한 셈이다.

우리가 이 책에서 살펴볼 주제도 바로 그 침이다.

무시무시한 침의 공포

1

'도시의 공기는 인간을 자유롭게 한다.'는 속담에 어울리게 중세 이래로 도시는 정치, 경제, 문화 등 거의 모든 면에서 동경의 대상 이었다. 19세기 들어 산업혁명이 본격화하자 그런 흐름은 더욱 강해졌다. 도시는 규모가 커졌고 과학의 진보가 이루어지면서 이전에 없던 직업들이 생겨나 새로운 부자와 권력자가 발돋움하는 장소가 되었다. 그러나 다른 한편으로는 그런 눈부신 영광과 희망찬 번영에서 조금만 눈을 돌려도 끔찍하고도 잔인한 그림자와 마주할 수 있었다.

도시의 기적을 만들기 위해 빈민가의 노동자들은 공장에서 하루 20시간씩 일해야 했다. 뒷골목에는 깡패, 매춘부, 노숙자, 소매치기, 고아가 넘쳐났다. 빈민가나 뒷골목만이 아니라 상류 계층이 오가는 번화가에서는 고약한 냄새가 풍겼다. 공장이 뿜어내는 연기의 매캐한 냄새는 '진보의 상징'으로 생각할 수도 있었겠지만 똥오줌 냄새만큼은 정말 참기가 어려웠을 것이다.

도시에서 살아가는 많은 사람들이 매일 누는 엄청난 양의 똥오줌은 제대로 된 하수도 시설이 없어서 그대로 거리에 내버려지거나 기껏해야 강과 수로에 갖다 버려졌다. 상류층이 타고 다니는 우아한 마차에서부터 온갖 물품을 실어 나르는 투박한 수레에 이르기까지 대부분의 교통수단을 다 말이 끌었는데, 도시의 거리를 오가는 말이 매일 싸지르는 엄청난 양의 똥오줌도 그대로 길거리에 방치되었다. 그 때문에 비가 오지 않는 날에도 도시의 거리는 인간과 동물의 똥오줌으로 질퍽거렸고 비라도 내리는 날에는 도시 전체가 엉망진창으로 변했다. 그래서 사람들을 자유롭게 하는 '도시의 공기'의 실체는 똥오줌의 구린내와 지린내, 그리고 공장이 뿜어내는 연기의 매캐함까지 더해진 이루 말할 수 없는 악취였을 것이다.

그날도 사람들은 그런 악취와 함께 '도시의 하루'를 시작했다. 그 가운데서도 특히 시장은 더했다. 악취에다 포장된 도로에서 마차 바퀴가 덜거덕거리며 도로에 부딪히는 소리, 가벼운 잡담을 나누는 재잘거림과 꽤 심각하게 흥정이 오가는 대화, 신문팔이의 외침, 가끔 터져 나오는 욕설, 손수레의 삐걱거림, 온갖 물건을 옮기거나 내려놓는 소리들로 소란스러웠다. 그런 거대한 소음 가운데서도 시장 한편에 자리 잡은 대장간에서 대장장이가 시뻘겋게 달구어진 쇠를 망치로 내리치는 소리만은 묻히지 않고 도드라졌다.

그때 날카로운 비명과 공포에 질린 다급한 고함이 모든 소음을 뚫고 시장 안에 울려 퍼졌다. 시장의 일상은 거대한 도시를 살아 숨쉬게 하려고 정신없이 돌진하느라 평소 같았으면 그런 소음쯤은 깨끗하게 무시당했을 것이다. 그러나 이번에는 달랐다. 시장 한편에서 사람들이 흩어지기 시작했다. 다닥다닥 붙은 건물 안으로 몸을 숨기거나 짐 더미 위로 올라가는 사람도 있었고 죽을힘을 다해 달리는 사람도 있었다. 그렇게 해서 시장 한쪽에 크지는 않았지만 빈 공간이 생겼다. 그 공간의 한가운데 잡종견 한 마리가 있었다. 주인이 분명하지 않은 떠돌이 개였다. 덩치가 중간 정도여서 평소였다면 노인과 어린아이에게나 위협적이었을 테지만 이번에는 물건을 나르는 건장한 일꾼마저 소스라치게 놀란 표정으로 몸을 피했다.

자세히 보니 개가 이상하긴 했다. 흰자위에 핏발이 가득 서 있었고 이빨이 포악하게 드러난 입에서는 끊임없이 침이 흘러내렸다. 무엇보다 생소한 것은 시장에서 쓰레기를 뒤져서 먹고살면서 행여 사람들에게 두들겨 맞거나 최악의 경우 잡아먹히지나 않을까 하면서 잔뜩 주눅 들어 있던 평소와는 달리 눈앞에 있는 것은 물어뜯고 갈가리 찢어버릴 듯 덤비는 공격성이었다. 어제까지는 소심소심한 떠돌이 개에 지나지 않았지만 오늘부터는 케르베로스(그리스 신화에 나오는 지옥의 입구를 지키는 마견. 머리가 셋, 꼬리는 뱀)처럼 느껴졌다.

"미친개다! 미친개!"

떠돌이 개가 사납게 달려들자 그 주변의 빈 공간도 바뀌었다. 사람들이 죽어라고 몸을 숨기고 피했지만 어디에나 불운한 사람은 있기 마련이었다. 일꾼 한 명이 떠돌이 개를 피해 뛰어가다가 오물을 밟고 미끄러졌다. 건장한 젊은 남자여서 재빨리 몸을 일으켰지만 공포에 질려서 그랬을까, 다시 한 번 미끄러지고 말았다. 안타깝게도 그는 떠돌이 개의 이빨을 피하지 못했다. 떠돌이 개는 일꾼의 정강이를 물었다. 일꾼이 고통과 두려움에 몸부림치는 사이 개는 다시 허벅지를 물었다. 일꾼이 주먹으로 떠돌이 개를 내리쳤지만 그 정도로는 어림도 없었다. 오히려 떠돌이 개는 더 흥분해서 주먹질을 하는 일꾼의 오른쪽 손목까지 물어 버렸다. 내처 목과 얼굴까지 물 기세였는데, 다행히 담력 좋은 푸줏간 주인이 고기를 매달아 옮길 때 쓰는 기다란 쇠꼬챙이로 떠돌이 개를 내리쳤다. 푸줏간 주인의 첫 번째 공격에 머리가 피범벅이 되었는데도 떠돌이 개는 아랑곳없이 이빨을 드러내고 사납게 으르렁거리며 푸줏간 주인에게 달려들었다. 푸줏간 주인은 침착했다. 쇠꼬챙이로 다시 떠돌이 개를 들입다 갈기자 두개골이 깨지는 소리와 함께 떠돌이 개의 동작이 느려졌고 푸줏간 주인은 세 번째, 네 번째 공격을 계속했다. 떠돌이 개가 짓이겨진 핏덩이로 변하고서야 푸줏간 주인의 쇠꼬챙이 질이 멈추었다.

그제야 사람들이 개에게 물린 일꾼에게 다가갔다. 종아리와 허벅지, 오른쪽 손목을 심하게 물렸지만 치명상은 아니었다. 재수 없게 상처에 감염이 생겨서 사망할 수도 있겠지만 일꾼이 건장한 젊은 남자라는 것을 감안하면 후날 이야깃거리가 될 만한 흉터를 가지고 생존할 가능성도 있었다. 그러나 일꾼 주변으로 모여든 사람들의 표정은 어두웠다. 미친개가 틀림없어, 그놈 눈 봤어? 침을 질질 흘린 것은 또 어떻고, 하며 저마다 고개를 절레절레 흔들었다. 몇몇 사람들이 나서서 일꾼을 손수레에 태워 어디론가 데려갔다. 사람들이 일꾼을 데려간 곳은 바로 대장간이었다.

대장장이는 이미 심각한 표정으로 쇳조각을 달구고 있었다. 사람들이 일꾼을 대장간 바닥에 내려놓자 대장장이는 커다란 집게로 달군 쇳조각을 집어 들었다. 그러고는 조금도 망설이지 않고 일꾼의 상처를 쇳조각으로 지지기 시작했다. 지지직거리는 소리와 일꾼의 비명이 대장간 안에 울려 퍼졌고 사람의 살이 타는 역한 냄새가 코를 찔렀다. 대장장이는 개의치 않고 일꾼의 상처 전부를 뜨거운 쇳조각으로 지졌다. 대장장이의 '치료'가 끝났을 때 일꾼은 이미 비명조차 지를 힘도 없이 축 늘어져 있었다. 집게를 내려놓은 대장장이는 이마에 흐르는 땀을 훔쳐내고 나름대로 깨끗한 면 조각을 꺼내 일꾼의 상처를 감싸 주었다.

2

개는 인간의 오랜 친구다. 단순히 인간의 곁을 가장 오랫동안 지킨 친구에 그치는 것이 아니라 가장 소중한 친구다. 수만 년 전, 한 무리의 늑대가 우호적인 태도로 인간의 거주지에 찾아들지 않았다면 인간은 선사시대를 벗어나 지금까지 생존하지 못했을지도 모른다. 개와 협력한 덕분에 인간은 보다 효율적으로 사냥을 했고 거주지를 위태롭게 하는 야생동물의 위협을 손쉽게 물리칠 수 있었다. 하지만 모든 일에는 대가가 따르기 마련이다. 개와 함께 살면서 질병과 해충도 공유해야 했다. 그 가운데는 그저 성가신 정도에 불과한 사소한 질병도 있었지만 공포를 불러오는 심각한 질병도 있었다. 광견병은 그중에서도 최악이었다.

공수병Hydrophobia이라고도 불리는 광견병은 리사바이러스Lyssavirus에 속하는 RNA바이러스가 일으키는 질환이다. 광견병 바이러스는 주로 신경조직을 침범하고 독특하게도 혈액, 소변, 대변으로는 전염되지 않고 오로지 침saliva을 통해서만 전염된다. 광견병 또는 공수병이란 이름이 붙은 이유도 그런 특징 때문이다.

일단 바이러스의 입장에서 생각해 보자. 기본적으로 바이러스는 완전한 생명체가 아니다. 주변 조건이 적절하면 스스로 복제할 수 있는 세균과는 달리 어떤 조건에서도 자가 복제를 못 한다. 바이러스는 세균에 침투해서 복제에 필요한 여러 기관을 빌려야만 자신과 같은 후손을 남길 수 있어서 광견병 바이러스는 말초신경, 척수, 뇌에 있는 신경세포에 침투한다. 광견병 바이러스가 복제를 거듭할수록 신경조직의 손상은 커진다. 말초신경이라면 몰라도 척수와 뇌에 큰 손상을 입고서도 생존할 수 있는 동물은 없다. 광견병 바이러스도 자신이 성공적으로 침투해 번성한 개체가 신경 손상으로 죽기 전에 새로운 개체를 감염시켜야 한다.

광견병 바이러스는 침으로만 전염되기 때문에 바이러스가 새로운 개체로 건너가는 가장 효율적인 방법은 감염된 개체가 감염되지 않은 개체를 무는 것이다. 광견병 바이러스가 행동을 제어하는 신경조직에 침범한다는 것을 감안하면 그리 어려운 일은 아니다. 감염된 개체는 광견병 바이러스의 꼭두각시가 되어 광기 어린 흥분에 빠져 극단적인 공격성을 보인다. 침의 분비량은 늘고 삼키는 기능에는 문제가 생겨 침이 끝도 없이 질질 흘러나오니 광견병 바이러스를 퍼뜨리기에는 최적의 상태가 되는 것이다.

이론적으로는 광견병 바이러스가 모든 포유동물을 전염시킬 수 있지만 주로 개, 늑대, 여우, 너구리, 박쥐에게 전염된다. 그런데도 미친개라는 뜻의 광견병狂犬病이라고 불리는 이유는 개가 인간과 가장 밀접한 관계를 맺고 있어서 인간이 주로 개한테 물려서 감염되기 때문이다.

광견병에 걸린 개한테 물리면, 잠복기는 다양하게 나타난다. 며칠 만에 발병할 수도 있지만 대개는 몇 주 후에 발병하고 드물게는 몇 년 후에 증상이 나타나는 경우도 있다. 이렇게 잠복기가 저마다 다른 이유는 물린 사람의 건강 상태나 물린 위치와 관계가 있다. 바이러스는 물린 부위의 말초신경부터 감염시키고 점차 중추신경으로 나아가 척수를 감염시키고 최종적으로 뇌에까지 침투한다.

뇌와 멀리 떨어진 부위를 물리면 잠복기가 길고 뇌와 가까운 부위를 물리면 증상이 일찍 나타나는 것이다.

증상은 물린 부위의 통증과 가려움으로 시작된다. 그런 다음 두통과 근육통이 나타난다. 증상이 악화되면 심한 흥분, 착란, 과도한 공격성, 침 분비량의 증가, 삼킴장애가 발생하고 최종적으로는 혼수에 빠져 사망한다.

광견병에 대한 최초의 기록은 기원전 1930년 경 북부 바빌로니아에서 찾을 수 있다. 오늘날의 바그다드 근처에 도시국가를 건설했던 수메르인은 '에슈눈나의 법Law of Eshnunna'이란 법전을 남겼고 거기에 광견병에 대해 이런 기록이 남아 있다.

"개가 광견병에 걸렸고 관리가 이를 주인에게 고지했는데 주인이 적절한 조치를 취하지 않아서 자유민이 물려 사망했을 경우에는 주인이 은 40세겔을 내야 하고, 노예가 물려 사망했을 경우에는 은 15세겔을 낸다."

개는 짧게 계산하면 1만4천 년, 일반적으로는 3만~3만2천 년 동안 인간과 함께 생활해 왔다는 것을 감안하면 역사 기록을 남기지 못한 시대에도 광견병은 인류를 공포로 몰아넣었을 것이다.

광견병이 이렇게 오랫동안 인류를 괴롭혀 왔는데도 19세기 후반까지 실질적인 치료법이 없었다. 물론 오래된 다른 질병들도 마찬가지였다. 현대의학이 본격적으로 발전하기 시작한 19세기 후반

이전에는 기괴하고 무의미할 뿐만 아니라 오히려 환자의 상태를 악화시키는 치료법들이 성행했다. 더불어 적지 않은 경우에서 비록 과학적 근거를 설명하지는 못했지만 경험을 통해 부분적이나마 효과가 있는 치료법을 개발하기도 했다. 예를 들면 중세 중반까지는 외상에 끓는 기름을 부어 오히려 상처를 악화시켰다면 중세 후반과 르네상스 시대에 접어들면서 기름을 발라 부드럽게 만든 붕대를 감는 것이 보다 효과적이라는 사실을 발견한 것이나 감염되어 농양(고름)이 생기고 점차 썩어 가는 상처에 거머리를 붙여서 했던 치료 같은 것들이다. 다만 광견병 치료에서는 예외였다. 광견병에 걸린 개한테 물리면 오로지 종교적 신앙이나 주술적 믿음에 의지했고, 기껏해야 물린 부위를 절단하거나 태우거나 불에 달군 금속으로 지지는 것이 치료의 전부였다.

심지어 오늘날에도 증상이 나타난 후에는 치료를 해도 치사율이 100퍼센트에 이르는 무서운 질환이 광견병이다. 그럼에도 불구하고 인류를 위협하는 다른 질환들에 비해 광견병은 실질적인 피해가 크지는 않다. 흑사병the Black death의 공포를 불러오며 중세 유럽 인구의 3분의 1을 잡아먹은 페스트, 고대 그리스와 로마제국 무렵부터 기록에 등장하는 말라리아, 펠로폰네소스 전쟁에서 아테네를 덮친 콜레라(또는 장티푸스), 그리고 중남미 인디오문명을 괴멸시킨 천연두 같은 전염병에 비하면 광견병으로 희생된 사람의 수는 미미하다. 개와 여우, 박쥐 같은 동물에 물려 감염되는 경우가 대부분이었고 사람 간 감염, 그러니까 광견병에 걸린 사람이 다른 사람을 물어서 감염시키는 사례가 극히 드물었기 때문이다.

그런데 광견병이 오랫동안 '공포의 대상'이 되어 온 이유는 감염된 동물과 사람에게서 나타나는 특이한 행동 때문이다. 핏발이 서서 시뻘게진 눈, 무섭게 드러낸 이빨 사이로 쉴 새 없이 흐르는 침, 심한 흥분과 착란까지 겹쳐서 괴물에 가까운 표정, 눈에 띄는 모든 동물을 물어뜯으려고 달려드는 공격성이 나타나는데 게다가 물린 피해자까지 얼마 있다가 똑같은 증상을 보인다. 가만 보면 이런 특징은 오늘날 영화와 소설에 자주 등장하는 좀비와 놀랍도록 비슷하다. 이성은 사라지고 광기 어린 공격성만 남아서 다른 사람을 물어뜯고 또 그렇게 물어뜯긴 사람도 얼마 지나지 않아 똑같은 행동을 보인다는 것이 광견병과 좀비에서 발견되는 공통점이다. 그런 면에서 보면 우리가 좀비영화를 보며 느끼는 공포는 개와 친구가 된 이후 인류가 오랫동안 경험해 온 '본능적 두려움'에서 기원하는지도 모른다.

그렇다면 인류는 광견병을 어떻게 극복했을까?

3

침으로만 전염된다는 특징을 감안하면 광견병의 가장 효율적인 치료는 예방이다. 그러니까 '광견병에 걸린 동물에게 물리지 않는 것'이 최고의 치료다. 실제로 광견병에 걸린 동물은 정말 미친 것처럼 보여서 구별하기가 어렵지 않은데 광견병에 걸린 동물이라는 걸 알아차렸어도 미처 피하지 못해 물릴 수가 있다. 일단 물리면 죽음을 기다리는 것 외에는 별다른 방법이 없지만 절박한 인간은 자그마한 희망이라도 부여잡기 마련이다. 그래서 물린 부위를 뜨거운 쇳조각으로 지지거나 아예 절단하기도 했고, 가톨릭교회에서는 성인의 성물을 써서 치료하려고 했다. 당연히 그런 방법으로는 죽음을 피할 수 없었다. 그러다가 18~19세기에 접어들어 '과학자'라 불리는 무리가 새로운 접근을 시작했다.

과학자들은 우선 광견병의 원인부터 밝혀내려고 했다. 광견병에 걸린 동물에게 물리면 똑같은 증상이 나타나는 것을 보고 오래전부터 '침으로 전염된다'는 추정은 해 왔다. 그러나 정말 그런지를 과학적 방법으로 확인하기로 했다. 다만 '과학적 방법'이란 말이 풍기는 뉘앙스처럼 방법이 아주 복잡하거나 거창하지는 않았다. 그저 광견병에 걸린 동물의 침을 모아 다른 동물에게 주사하는 방식이었다. 1804년 독일의 게오르그 진케Georg Zinke가 그런 방식으로 '물리는 과정' 없이 실험동물에게 광견병을 전염시켜서 '광견병은 침을 통해 전염된다'는 것을 확실히 증명했다. 다른 과학자들도 게오르그 진케의 실험과 같은 결과를 얻었고, 광견병에 걸린 사람의 침을 이용해서도 같은 결과를 얻었다.

과학자들은 거기서 멈추지 않았다. 광견병이 침으로 전염된다는 사실을 알았으니 침으로 전염된 광견병이 신체의 어느 부위에 머무르고 손상을 입히는지도 밝히려고 했다. '과학적 사고'로 무장한 과학자들은 뇌가 다른 신체에 명령을 내리는 기관이며 그런 명령은 척수와 말초신경을 통해 전달된다는 것을 어렴풋이 알고 있었다. 광견병의 증상을 보고 뇌와 척수, 말초신경에 광견병을 일으키는 미생물이나 독소가 많을 거라고 추측했다. 그런 가설을 증명하기 위해 1805년 프란체스코 로시Francesco Rossi가 광견병에 걸린 고양이의 말초신경 조각을 개의 상처에 집어넣었다. 잠복기가 지나자 개에게서 광견병의 전형적인 증상이 나타났다. 그 후 광견병에 걸린 동물의 뇌 조직을 사용해서도 같은 결과를 얻었다. 이로써 광견병은 침으로 전염되고 뇌, 척수, 말초신경을 감염시킨다, 는 이론이 마침내 확립되었다.

이론이 확립되자 과학자들은 이제 치료법 찾기에 집중했다. 과학적 탐구는 완전히 '무'에서 시작하는 것보다 유사한 사례를 참고할 때가 더 많아서 그들도 다른 전염병을 참고하려 했다. 그러나 19세기 무렵만 해도 효과적인 치료법이 밝혀진 전염병이 그리 많지 않다. 거의 유일하게 확립되어 있던 치료법이 천연두small pox로, 천연두 치료법인 종두법은 별로 복잡하지 않았다. 종두법 이전에도 천연두에 걸린 사람의 고름을 말린 다음 적은 양을 건강한 사람의 피부에 접종해 면역을 유도하는 방식으로 천연두를 예방했다. 다만 면역이 유도되는 것에 그치지 않고 실제로 천연두에 걸려서 사망하는 사고가 종종 일어났다는 것이 문제였다.

에드워드 제너Edward Jenner는 천연두에 걸린 사람의 고름이 아니라 천연두와 유사한 질환인 우두cow pox에 걸린 소의 고름을 사용해서 천연두가 실제로 발병하는 위험을 대폭 낮추었다. 이 치료법이 18세기 말부터 보편화하면서 천연두로 죽는 환자가 크게 줄었다. 광견병을 연구하던 과학자들도 종두법과 유사한 방식으로 광견병을 치료해 보려고 했다. 광견병에 걸린 동물의 뇌나 척수를 말려 사람에게 접종하면 광견병을 막을 수 있을 것이란 추측이 그들의 가설이었다. 동물실험으로 광견병에 걸린 동물의 뇌, 척수, 말초신경을 말려서 접종해도 광견병을 일으키지 않는다는 것을 알아냈지만 그 시대에도 사람에게는 함부로 시행하기가 어려웠다. 그래서 최초의 성공 사례가 나올 때까지는 수십 년의 시간이 필요했다.

4

19세기 초반은 자유주의와 민족주의의 시대였다. 프랑스혁명이 만든 기묘한 영웅인 나폴레옹 1세는 영국과 러시아를 제외한 나머지 유럽을 정복하며 프랑스혁명의 정신을 퍼트린 해방자로 환영받았다. 그러나 그와 동시에 가혹한 통치자이기도 해서 정복당한 사람의 애국심을 자극하기도 했다. 19세기 유럽에서는 끊임없이 혁명이 일어났고 그때까지 통일국가를 이루지 못했던 독일과 이탈리아에서는 애국심을 내세운 통일운동이 도드라졌다.

프랑스는 독일의 통일을 달가워하지 않았다. 군국주의 국가에 가까운 프로이센이 독일을 통일하면 프랑스에 잠재적인 위협이 될 것이라는 우려 때문이었다. 나폴레옹 1세의 조카였던 나폴레옹 3세는 프로이센의 통일을 위한 노력을 방해했고 급기야 1870년 보불전쟁이 터지고 말았다. 프랑스가 승리할 것이라는 당초 예상과는 달리 보불전쟁은 나폴레옹 3세의 굴욕적인 항복을 받아낸 프로이센의 승리로 끝났다. 프랑스는 더 이상 독일 통일을 방해하지 못하게 되었을 뿐만 아니라 독일에 인접한 알자스-로렌 지역까지 빼앗겼다. 적지 않은 프랑스인들이 분개했고 알퐁스 도데는 「마지막 수업」 같은 단편을 써서 분노를 달래야 했다. 과학자들도 마찬가지였다. 당대 최고의 생물학자로 꼽히는 루이 파스퇴르Louis Pasteur 역시 열렬한 애국자(엄밀히 말하면 프랑스 국수주의자였다)라서 독일에 복수하고 프랑스의 자존심을 다시 세울 기회가 오기만을 기다렸다.

1885년에 드디어 기회가 찾아왔다. 물론 처음에는 아무도 그것이 역사에 남을 유명한 사건이 될 거라고는 생각지 않았다. 9살짜리 아이가 광견병에 걸린 개한테 물린 너무 평범한 사건이었기 때문이다. 아이와 가족에게는 큰 비극이었지만 별달리 주목받을 만한 일은 아니었다. 그런데 공교롭게도 조제프 마이스터라는 9살짜리 아이의 거주지가 알자스-로렌 지방이고 아이를 진료한 의사가 파스퇴르에게는 치료법이 있을지도 모른다고 말하는 바람에 급기야 아이 어머니가 아이를 데리고 파스퇴르를 만나기 위해 파리행 기차에 오르게 된다.

단순한 애국자를 넘어 국수주의자였던 파스퇴르에게는 둘도 없는 기회였다. 파스퇴르가 생각한 시나리오는 이런 것이었다. 독일의 점령에 신음하는 알자스-로렌 지역에서 9살짜리 아이가 광견병에 걸린 개에게 물렸다, 독일 의사들은 '죽음을 기다릴 수밖에 없다'고 냉담하게 말했지만 아이의 어머니는 희망을 버리지 않았고 '어머니 프랑스'의 도움을 찾아 아이를 데리고 파리로 향했다, 그때 프랑스 최고의 생물학자인 루이 파스퇴르가 독일 과학자들은 꿈도 꾸지 못할 방법으로 환자를 구한다! 파스퇴르는 그런 기회를 절대 놓칠 인물이 아니었다. 함께 광견병 백신 연구를 하던 의사 에밀 루Emile Roux가 아직 사람에게 시행하기에는 위험하다고 만류했지만 파스퇴르는 밀어붙였다. 아이에게 '광견병으로 죽은 토끼의 신경조직을 말려 만든 백신'을 투여했고 최초 투여 후 10일에 걸쳐 12번의 추가접종을 시행했다. 다행히 백신의 부작용이 없었고 광견병 증상도 나타나지 않았다. 프로파간다에도 소질이 있었던 파스퇴르는 자신의 업적을 기적으로 포장해 선전하기 시작했고, 유럽 곳곳에 파스퇴르의 광견병 백신을 투여하는 기관이 속속 설립되었다.

5

오늘날에도 광견병 치료는 파스퇴르가 고안한 방법에서 크게 벗어나지 않는다. 광견병에 걸린 동물의 신경조직을 말리는 것 대신 보다 안전하고 효율적인 방법으로 백신을 만들고 백신과 함께 면역항체를 투여하는 것만 달라졌을 뿐이다. 광견병에 걸린 것으로 추정되는 동물에게 물렸을 때 증상이 나타나기 전에 곧바로 치료를 시작하지 않으면 회복할 수 없다는 사실에도 변함이 없다. 지금도 일단 광견병 증상이 나타난 후에는 치료 여부와 관계없이 100퍼센트 사망한다는 말이다.

아직도 개발도상국에서는 여전히 많은 환자가 발생하고 있지만 선진국에서는 이제 더 이상 광견병의 공포를 느끼지 않는다. 이제는 '핏발 선 눈으로 침을 질질 흘리면서 달려드는 미치광이'의 공포에 시달릴 일은 없어졌고, 기껏해야 좀비영화에서나 마주칠 뿐이다. 적어도 선진국에서만큼은 '무시무시한 침의 공포'가 현실에서 완전히 사라진 셈이다.

모기의 침

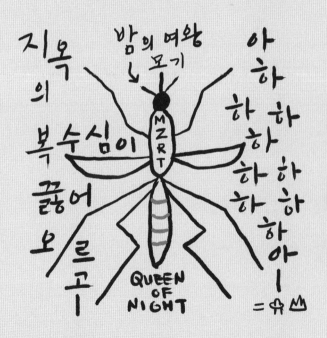

1

파나마—불과 몇 년 전까지도 콜롬비아공화국의 일부여서 '파나마공화국'이란 이름이 낯설지만 중부와 남부 아메리카에서 정권 붕괴와 새로운 국가의 탄생은 놀랄 만한 일이 아니다—는 카리브해에 접한 어느 국가와 마찬가지로 일 년 내내 덥다. 건기와 우기로 나뉘기는 해도 건기 역시 습도가 낮은 편은 아니라서 일 년 내내 후덥지근하다. 부자, 그러니까 농장주에게는 일 년 열두 달 무더운 날씨가 오히려 축복이었을 것이다. 사탕수수, 바나나, 담배 모두 무럭무럭 자라서 그들의 지갑을 두둑하게 불려줄 테니까. 그러나 하루도 빠짐없이 뜨거운 태양과 텁텁한 공기 아래서 일해야 하는 일꾼들의 처지에서는 결코 달갑지가 않았다.

조지는 농장 일꾼이 아니었다. 고향인 바베이도스에서는 농장 일꾼으로 일했지만 군은살이 박여 손에 물집이 잡히지 않을 만큼 일을 해도 좀체 나아지는 것이 없자 '큰돈을 벌 수 있다'는 소문을 듣고 배를 타고 파나마로 왔다. '땅을 파서 카리브해와 태평양을 잇는 통로를 만들겠다'는 목표는 황당무계했지만 어차피 조지가 신경 쓸 일은 아니었다. 농장 일꾼보다 넉넉한 보수에 숙소와 식사까지 제공한다는 선전을 보고 조지는 조금도 고민하지 않았다. 그렇게 해서 태어나서 처음으로 고향을 떠났다. 조그마한 어선을 타본 적은 있었지만 그렇게 큰 배를 탄 것은 처음이었다. 파나마에 도착해 보니 일은 생각보다 힘들지 않았다. 그런데 11월부터 3월까지의 건기가 끝나자 상황이 조금 달라졌다. 우기가 시작되고 비가 쏟아지자 일터 곳곳이 진흙탕으로 변했고 그것으로 끝이 아니었다. 진짜 무시무시한 일, 재앙이라 부를 수밖에 없는 일이 대번에 조지와 일꾼들을 덮쳐 왔다.

처음에는 다들 대수롭지 않게 생각했다. 추워하거나 머리가 아프다는 사람들이 생겼다. 밥맛이 없다면서 식사를 걸렀고 토하기도 했다. 그렇게 사나흘 정도 앓다가 몸 상태가 조금씩 회복되었다. 함께 일하는 동료들이 아프니까 마음은 불편했지만 그런 병치레는 흔한 일이었다. 다만 몇몇이 하루이틀 후에 다시 심하게 춥고 온몸이 아프다고 했다. 말라리아라고 생각해서 동료들이 그들을 의사에게 데려갔다. 일꾼들을 돌보는 의사는 시큰둥한 표정으로 퀴닌Quinine을 처방했다. 말라리아는 흔한 병이었고 조지 같은 건장한 '카리브해 남자'가 말라리아로 죽는 경우는 극히 드물었다. 감독도 일꾼 몇몇이 며칠 동안 쉬어야 한다는 것에 잠깐 투덜거렸을 뿐이다.

그런데 다음 날이면 나아져야 할 병세가 조금도 좋아지지 않았다. 오히려 지켜보는 사람이 더 무서울 만큼 눈에 띄게 나빠졌다. 눈의 흰자위가 샛노랗게 변했고 오줌도 갈색으로 변했다. 검은 액체를 토했고 그러다가 의식을 잃으면 얼마 지나지 않아 숨을 거두었다. 그제서야 의사, 감독, 일꾼들 모두가 그들을 쓰러뜨린 질병이 말라리아가 아니라 황열병yellow fever이란 사실을 알아차렸다. 하지만 그렇다고 뾰족이 할 수 있는 일은 없었다.

시간이 갈수록 쓰러지는 사람들이 많아졌다. 일꾼 몇몇이 며칠을 쉬어야 하는 정도가 아니라 그런 상황이 계속되다간 공사 자체를 할 수 없을 것 같았다. 일꾼들만 쓰러지는 것도 아니었다. 감독과 의사 가운데서도 죽는 사람이 생겼고 미국에서 온 '신분 높은 나리'나 군인들, 상인들이나 심지어 돈 냄새를 맡고 몰려든 매춘부들 가운데서도 환자가 나왔다. 황열병은 무시무시한 질병이었지만 그 질병을 다스리는 악마는 적어도 부자와 가난뱅이, 백인과 흑인을 차별하지는 않았다. 다만 환자 대부분이 외지인이라는 점은 특이했다. 일꾼, 감독, 의사, 군인, 상인, 매춘부 모두 파나마 출신이 아니었다. 파나마에서 태어나고 자란 토박이가 쓰러지는 경우는 드물었다. 그러자 파나마의 악마가 외국에서 온 재수 없는 인간들을 벌하는 것이라고 수군거렸고, 미국 군인들에게 불만이 있던 파나마 사람이 외국인들이 마시는 물에 독을 풀었다는 소문도 나돌았다.

원인이 무엇이든 한 가지만은 확실했다. 계속 머물렀다가는 목숨을 부지하지 못할 것이라는 사실이었다. 밤마다 하나둘 도망치는 일꾼들이 생겼고 조지도 일단 살아남고 보자고 결심했다. 그동안 모아둔 돈과 옷가지만 챙겼더니 짐도 많지 않았고 함께 도망칠 동료까지 생겨서 모든 준비가 끝났다. 하지만 조지가 미처 알아차리지 못한 것이 있었다. 도망칠 계획을 세우느라 긴장해서 그랬는지 아니면 애써 부정했던 건지 확실치는 않지만 조지의 팔다리가 낮부터 덜덜 떨렸다는 것이다. 그러고 보니 조지도 대엿새 전부터 조금 아팠다. 그래 봐야 약간 매스껍고 힘이 없고 팔다리가 욱신거리는 정도였다. 그저께부터는 한결 몸이 가벼워졌는데 낮부터 다시 팔다리가 덜덜 떨려왔다. 그럴 리가 없어, 말라리아일 거야, 바베이도스에서 말라리아에 걸렸을 때도 이렇게 아팠잖아, 조지는 그렇게 자신을 설득했다. 이 정도쯤은 아무렇지도 않다면서 조지는 꾸려 놓은 짐을 들고 침상에서 일어났다. 그 순간 울컥 하며 뱃속에서 액체가 올라왔다. 도저히 참지 못해서 그대로 바닥에 토했는데, 액체의 색깔을 확인한 조지는 절망할 수밖에 없었다. 자신이 시커먼 액체를 토했다는 것을 깨달았기 때문이다.

2

1773년 12월 16일 자칭 '자유의 아들들the Sons of Liberty'이란 한 무리의 식민지 남자들이 어설프게 인디언으로 변장을 하고 보스턴 항구를 습격해서 영국 동인도회사 소유의 차들(대부분은 홍차)을 모조리 바다에 던져 버렸다. 그러나 그 당시엔 식민지 자치를 지나치게 통제하던 영국에 분노한 시민들이 들고일어난 이 사건을 심각하게 받아들이는 사람은 드물었다. 1774년 나름 '부유하고 존경받는 신사'라는 사람들이 '식민지의 대표'를 자처하며 제1차 대륙회의를 열었을 때도 마찬가지였다. 목표도 분명하지 않았을 뿐더러 심지어 그들 가운데서도 영국과 함께하자는 쪽과 아예 영국과 관계를 끊자는 쪽이 첨예하게 대립했다. 그러다가 1775년 4월 19일 식민지 민병대와 영국 정규군이 충돌했다. 그때만 해도 신대륙의 식민지가 정말 영국군을 물리치고 제국에서 독립할 수 있을 거라고 예상하는 사람은 많지 않았다.

조지 워싱턴이 총사령관을 맡아 군대를 조직했을 때도 사람들의 예상은 크게 달라지지 않았다. 라파에트 후작 같은 젊고 혈기왕성한 프랑스 귀족이 관심 가지는 모험 정도로 여겨졌고, 조지 워싱턴이 이끄는 오합지졸은 단번에 무너질 것처럼 보였다. 그러나 조지 워싱턴의 군대에는 프랑스-인디언 전쟁(영국과 프랑스가 북아메리카를 두고 벌인 전쟁)에 참전한 경험 많은 군인들이 적지 않았고 조지 워싱턴도 그 전쟁의 참전 용사였다. 게다가 '고향과 가족을 지킨다'는 강력한 동기, 상대적으로 짧은 보급선, 해당 지역에 익숙하다는 점 등을 십분 활용함으로써 식민지군은 영국군을 무찔렀고 뜻밖의 독립을 쟁취했다.

유럽의 강대국들은 '합중국'이란 생경한 통치 체제를 내세운 미국이라는 이 신생국가에 별다른 관심을 기울이지 않았다. 실제로 신생국가는 탄생 직후부터 연방주의자와 반연방주의자, 친영국파와 친프랑스파가 날카롭게 대립했다. 13개였다가 나중에 버몬트가 합류해 모두 14개 주로 구성된 연방국가여서 주마다 원하는 것이 달랐고, 중앙의 연방정부와 주정부 간의 권한과 역할도 명확하지 않았다. 무엇보다 영국이란 거대한 제국에서 독립한 그들은 스스로를 '반제국주의자'라고 생각했고 '폭군'과 '독재'에 강렬한 증오를 품었다.

　신생국가는 스스로를 무엇이라고 규정했는지와는 상관없이 점점 커져 갔다. 나폴레옹 1세는 유럽 정복에 집중하기 위해 골치 아픈 신대륙 남부의 식민지(루이지애나)를 이 신생 합중국에 팔았다. 목화농사를 짓기 위해 농장을 개척하게 되자 그 주변 지역까지도 조금씩 합중국에 편입되었다. '바다 건너 새로운 삶'을 찾아 이민자가 몰려들었고 유럽에서는 꿈도 꾸지 못했던 '내 소유의 농장'을 얻기 위해 점점 더 서쪽을 향해 갔다. 때마침 서쪽에서 금광이 발견되자 확장의 속도는 더욱 빨라졌다. 원래는 멕시코에 속했던 땅에까지 침투한 이 '개척자들'은 합중국에 소속되기 위해 반란을 일으켰다. 어쩌다 보니 합중국의 군대는 멕시코 독재자의 군대와도 싸워야 했고 남과 북으로 갈리거 끼리들끼리 총부리를 재겨눈 내전도 겪었다. 그 후로는 점차 '제국의 야망'을 공공연히 표출했고

1773년 보스턴 항구를 습격한 '자유의 아들들'이 봤다면 틀림없이 기겁했을 일이지만 '제국의 폭정에서 독립한 이 자유의 나라'는 어느덧 스스로 새로운 제국이 될 준비를 마쳤다.

그런 합중국의 야심가들이 가장 먼저 눈을 돌린 곳은 쿠바였다. 사탕수수와 담배의 대규모 재배에 적합한 쿠바의 비옥한 농토는 '카리브해의 보물'이나 다름없었다. 마침 노쇠한 스페인제국이 다스리고 있었기 때문에 어렵지 않게 빼앗을 수 있었다. 1898년 미국–스페인 전쟁은 미국의 일방적인 승리로 끝이 났고 쿠바 말고도 예상치 못한 전리품이 하나 더 있었다. 그런데 미국은 승리의 대가로 쿠바에 딸려온 필리핀 때문에 도리어 심각한 고민에 빠졌다.

문제는 필리핀의 위치였다. 합중국, 그러니까 미국은 카리브해에서 스페인만이 아니라 영국, 프랑스, 네덜란드 같은 유럽 세력까지 한꺼번에 몰아내려고 했다. 완전히 몰아내지 못한다면 적어도 '카리브해의 큰 형님' 정도로라도 행세하고 싶었다. 그래서 그때까지는 해군력을 카리브해가 있는 대서양에 집중하고 있는 상태였다. 그런데 필리핀은 대서양에서 뚝 떨어진 태평양에 있으니 해군력을 대서양에 집중한 상태에서는 당연히 관리하기가 쉽지 않았다. 혹시라도 다른 국가가 필리핀을 침공하거나 필리핀 안에서 반란이 벌어질 경우 손을 쓰기가 쉽지 않았기 때문이다. 대서양에 있던 해군이 필리핀으로 가려면 남아메리카 대륙 끄트머리까지 남하

해서 마젤란해협을 지나서 가야 했다. 가는 데 걸리는 시간도 문제
려니와 파타고니아를 지나는 마젤란해협은 뱃사람들 사이에서는
위험하기로 악명 높은 수로였다.

이런 문제가 비단 미국만의 고민은 아니었다. 영국이나 프랑스
도 각각 인도와 인도차이나반도를 정복하고 나서 똑같은 문제를
겪었다. 영국과 프랑스가 인도나 인도차이나반도에 해군을 보내
려면 아프리카 대륙 최남단의 희망봉까지 남하해서 엄청난 거리
를 돌아가야 했다. 결국 영국과 프랑스는 희망봉까지 남하하는 대
신 아프리카와 아라비아반도 사이에 있는 폭이 가장 좁은 지역에
수로를 파서 지중해에서 인도양으로 곧바로 갈 수 있는 항로를 만
들었다. 이것이 바로 '수에즈운하'였다. 결국 미국도 같은 해결책을
선택했다. 북아메리카 대륙과 남아메리카 대륙을 연결하는 좁은
지역에 수로를 파서 마젤란해협을 거치지 않고 카리브해에서 태평
양으로 곧바로 가는 항로를 만들기로 한 것이다.

사실 이런 시도는 오래전부터 있어 왔다. 19세기 초부터 적지 않
은 몽상가들이 카리브해와 태평양을 연결하는 운하를 만들자는 주
장을 해왔고 수에즈운하를 건설했던 경험이 있는 프랑스 회사가
공사에 착수했다. 프랑스인들은 대단히 낙관적이었다. 파야 할 거
리가 수에즈운하보다 짧았기 때문이다. 그러나 실제로는 수에즈운
하와 전혀 달랐다. 수에즈운하를 건설한 이집트와 아라비아반도의

이야기 돌

경계는 고대로부터 널리 알려져 있어서 유럽인에게도 익숙한 지역이었다. 사막의 모래바람이 성가시긴 했지만 무시무시한 '미지의 장애물'은 존재하지 않았다. 다만 그들이 새롭게 운하를 파기 시작한 지역은 밀림이 우거진 지역이었다. 독사와 독충이 득실거렸으며 무엇보다 무시무시한 질병이 도사리고 있었다. 말라리아는 로마제국 시절에도 이탈리아인을 괴롭힌 질병이었지만 황열병은 전혀 낯선 위협이었다. 심할 때는 한 달에 수백 명씩이나 사망자가 나왔고 환자는 그보다 훨씬 많아서 아예 공사를 진행할 수조차 없었다. 결국 프랑스 회사는 파산하고 말았다. 파산한 회사의 자산을 넘겨받은 사람들이 어떻게든 손을 털고 떠날 수 있기만을 바라고 있던 바로 그 시점에 미국이 관심을 보였다.

프랑스인의 실패를 알았으면서도 미국은 자신만만했다. 미국 상류층은 말라리아와 황열병의 원인이 현지 노동자들의 더러운 생활 습관과 프랑스인 특유의 퇴폐한 문화 때문이라고 오판했다. 건강하고 깨끗하며 도덕적인 미국인은 결코 그런 질병에 걸리지 않는다고 자신했다. 그런 망상은 운하 건설에 착수하고 1년이 채 지나기도 전에 박살이 났다. 프랑스인과 그 일꾼들을 덮쳤던 황열병이 여지없이 미국인과 그 일꾼들에게도 들이닥쳤다. 바베이도스, 마르티니크, 과달루페 같은 카리브해의 섬들에서 모집한 노동자들만이 아니라 미국 군인, 관리, 사업가, 상인, 심지어 의사들까지도 예외 없이 황열병에 걸렸다. 1904년 11월에 첫 번째 환자가 발생했고 1905년 4월에는 고위 인사들까지 사망했으며 6월 들어 재앙은 극에 달해 아예 공사마저 중단될 위기에 빠졌다. 일꾼들 가운데서 사망자가 속출했고 건강한 일꾼들도 대부분 겁에 질려 도망쳤다. 미국인들은 황열병을 해결하지 않고서는 운하를 건설할 수 없다는 사실을 그제서야 깨달았다.

3

동물의 피를 먹이로 삼는 다양한 곤충 가운데는 모기가 가장 대표적이다. 오래전부터 존재했고 효율적으로 진화한 덕분에 지구에는 약 3,500종의 모기가 있다. 모기가 피를 빠는 대상도 다양해서 인간을 비롯한 포유류는 물론이고 파충류 심지어 무척추동물도 포함된다.

모기가 효율적으로 피를 빨기 위해서는 두 가지 조건이 필요하다. 피해를 입는 동물이 피를 빨리고 있는 순간에는 별다른 고통을 느끼지 않아야 하고, 모기가 피를 빠는 동안에는 혈액 응고가 일어나지 않아야 한다. 모기는 그런 조건에 걸맞게 피를 빨리는 동물에게 큰 고통을 주지 않고도 피부를 뚫고 들어갈 수 있는 정교한 주둥이를 지녔고 침에는 혈액이 응고하는 것을 방지하는 성분이 들어 있다. 모기가 살며시 다가와 대상 동물의 피부 위에 내려앉아 주둥이로 피부를 뚫고 침을 주입한 다음 피를 빨기 시작해도 그 순간에는 대부분 알아차리지 못한다. 모기가 배불리 피를 빨고 가버린 후에 모기의 침이 알레르기 반응을 일으켜야 비로소 가려움을 느낄 수 있다.

모기의 침은 그것보다 훨씬 심각한 문제도 일으킨다. 모기가 피를 빨면서 주둥이로 침을 주입할 때 침에 섞여 있던 원충, 세균, 바이러스까지 함께 옮겨 놓기 때문이다. 황열병은 모기가 옮기는 질병 가운데 가장 악명이 높다.

황열병은 원래 인간의 질병이 아니었다. 원래는 열대지방의 원숭이들 사이에서만 유행했던 질병이다. 원숭이와 원숭이의 피를 빠는 모기에게 있던 황열병 바이러스가 인간에게 옮겨진 과정은 이랬을 것이다.

대부분의 모기는 특정 동물의 피를 빨지만 모든 모기가 그렇지는 않았을 것이다. 여러 동물의 피를 빠는 모기도 있고 우연히 평소에는 먹이로 삼지 않았던 동물의 피를 빨게 된 모기도 생겼을 것이다. 사냥이나 벌목, 농경지 개간을 위해서 또는 단순히 모험을 즐기느라 사람들이 열대밀림에 발을 들여놓았을 때 평소에는 원숭이의 피를 빨던 모기가 '새로운 먹이'에 흥미를 보였을 것이다. 하필 그 모기의 침에 황열병 바이러스가 들어 있었고, 마을로 돌아온 사람들은 며칠 후부터 앓기 시작했을 것이다. 그때 마을에 있던 '주로 사람의 피를 빨아 먹고사는 모기'가 다시 그 불운한 환자의 피를 빨았고 유감스럽게도 황열병 바이러스는 새로운 종류의 모기에서도 생존할 수 있었을 것이다. 그 모기가 다른 사람의 피를 빨면서 황열병 바이러스가 옮겨갔고 또 다른 모기가 그 사람의 피를 빠는 과정이 몇 번 되풀이되면서 결국 마을 전체에 황열병 바이러스가 퍼졌을 것이다.

인간과 동물 모두를 감염시킬 수 있는 질병, 이른바 인수 공통질환의 대부분이 그렇듯 황열병도 인간에게 매우 치명적이다. 그나마 다행인 것은 한 번 황열병에 걸렸다가 회복한 사람은 오래 지속되는 면역을 획득한다는 것이다. 이런 이유로 황열병은 오랫동안 '잊을 만하면 돌아오곤 하는 작은 악마'였을 뿐 '무시무시한 재앙의 주인공'은 아니었다. 황열병 바이러스가 원래 숙주인 원숭이의 몸 안에 숨어 있다가 우연한 기회에 사람을 감염시키고 이어서 그 불운한 희생자가 살고 있는 마을 전체에 퍼질 수도 있지만, 그렇게 한 차례 유행이 끝나면 생존한 사람들 모두 면역을 획득해서 황열병은 곧 잠잠해진다. 시간이 지나 황열병 유행을 겪어본 적이 없어서 면역이 없는 젊은 사람들 사이에서 다시 발생할 수도 있지만 마을 전체를 황폐화시키지는 못한다.

다만 예외가 있다. 황열병에 대한 면역이 없는 사람들이 외부에서 대규모로 들어오면 상황은 달라진다. 전체 인구에서 황열병에 대한 면역이 없는 사람의 비율이 갑작스레 늘었기 때문에 엄청난 사망자가 발생하는 '무시무시한 재앙'이 된다. 이것이 바로 프랑스인이 운하 건설에 실패한 이유였다. 운하를 건설하기 위해 외부에서 많은 노동자들이 들어왔고, 외부 노동자들은 토박이와는 달리 황열병에 대한 면역이 없었으니 잠잠했던 황열병의 유행이 다시 시작되었다. 엄청난 사상자가 생겼지만 다행히 살아남은 사람들은 면역을 획득했다. 거기서 그쳤다면 황열병이 잠잠해졌을 것이다. 하지만 운하 건설을 위해 다시 죽은 사람의 수만큼 새로운 노동자를 데려올 수밖에 없었고 새로운 노동자들은 당연히 황열병에 대한 면역이 없었기 때문에 황열병의 유행은 좀체로 끝나지 않았다. 계속해서 사람들이 죽어나갔고 결국에는 '밑 빠진 독에 물 붓기'나 다름없는 상황을 견디다 못해 회사가 파산했다.

프랑스인의 꿈을 짓밟았던 이 재앙에서 미국인도 벗어날 수 없을 것처럼 보였다. 운하를 파서 카리브해와 태평양을 연결하는 항로를 만들겠다는 목표는 도저히 이룰 수 없는 망상인 것 같았다. 그러나 미국인들은 끝내 포기하지 않았다.

4

카를로스 후안 핀레이Carl Juan Finlay는 독특한 인물이었다. 쿠바에서 태어났지만 인디오, 흑인, 스페인에는 해당하지 않았다. 아버지는 스코틀랜드인, 어머니는 프랑스인이었다. 아버지와 마찬가지로 의사를 직업으로 선택했고 영국과 프랑스를 비롯해 다양한 국가를 여행했는데 정작 의학을 배운 곳은 미국이었다. 부유한 집안에서 태어나 유복하게 자랐고 여행을 좋아했으며 지적 탐구에도 소질이 있어서 어렵지 않게 쿠바 의료계에서 영향력 있는 인사가 되었다.

그는 확실히 평범한 사람은 아니었다. 핀레이가 의사로 활약하던 시절에는 말라리아와 황열병 같은 질병의 원인을 정확히 밝혀내지 못했는데 다만 '불결한 독소'가 원인이란 주장이 가장 유력한 가설로 인정받고 있었다. 그런 주장은 역사가 아주 깊어서 말라리아라는 이름도 '더러운 공기'라는 의미였다. 일반적으로는 늪지대의 독소가 말라리아와 황열병의 원인으로 지목되었다. 핀레이는 그런 기존의 학설에 맞서 '황열병의 원인은 모기'라고 주장했다. 오늘날에는 너무 당연한 사실이지만 19세기 중후반에는 그저 황당한 소리로 여겨졌다. 핀레이가 직관적으로 문제를 꿰뚫어보긴 했지만 정작 과학적으로는 증명해내지 못한 탓도 있었다. 그 때문에 핀레이는 20년 가까이 '황당한 주장으로 억지를 부리는 괴짜' 취급을 당했다.

그러다가 미국-스페인 전쟁이 터졌다. 전쟁에 참전한 미군병사 대부분은 황열병에 대한 면역이 없었고, 전쟁에서 승리한 후 쿠바에 주둔하게 되면서 아니나 다를까 황열병 유행이 몰아닥쳤다. 다급해진 미군 수뇌부는 황열병의 유행을 근절하기 위해 노력했고, 월터 리드가 이끄는 미군 의무대가 마침내 '모기가 황열병의 원인'이라는 가설을 과학적으로 증명해냈다. 그 덕분에 미군은 가까스로 끔찍한 재앙을 피할 수 있었다. 당시 월터 리드가 지휘하는 미군 의무대에는 윌리엄 고르가스William Gorgas라는 콧수염이 멋진 군의관이 있었다. 훗날 파나마운하를 건설하면서 황열병이 일으킨 재앙에 맞닥뜨린 미국이 선택한 해결사가 바로 윌리엄 고르가스였다.

5

1905년 7월 운하 건설 책임자로 새로 부임한 존 스티븐스는 고르가스에게 전폭적인 지원을 약속했다. 막강한 지원 아래 '황열병 유행 종식 프로젝트'에 착수한 고르가스의 계획은 크게 두 가지였다. 우선 황열병 환자를 신속하게 진단하고 격리했다. 황열병을 옮기는 모기를 퇴치하는 데도 공을 들였다. 고르가스는 공사현장 주변을 25개 구역으로 나누고 구역마다 책임자를 선정한 후 매일 집집마다 환자 발생 여부를 조사했고, 연기를 피워서 모기를 쫓아냈다. 환자가 확인되면 감염 장소를 기록하고 병원으로 옮겨 촘촘한 모기장 아래 머물게 했다. 부득이하게 병원으로 옮길 수 없을 경우에는 집에서라도 같은 식으로 격리했다. 황열병 바이러스가 없는 모기라도 황열병 환자를 물면 바이러스를 지니게 되는 것이어서 환자가 더 이상 모기에 물리지 않게 하는 것이 유행을 막는 데 중요했다.

고르가스의 초기 계획은 안타깝게도 절반의 성공에 그쳤다. 환자 발생을 신속히 파악하고 격리해서 어느 정도는 효과를 거두었지만 연기로 모기를 쫓는 것만으로는 모기를 완벽하게 퇴치할 수 없었다. 모기가 남아 있는 한 황열병의 유행은 끝낼 수가 없었다. 더 독한 연기를 피우고, 더 넓은 지역에서, 더 자주 진행했지만 결과는 크게 달라지지 않았다. 성체 모기가 적은 수라도 살아남아 있으면 아주 빨리 번식했기 때문이다.

난관에 부닥친 고르가스는 발상을 전환했다. 성체 모기를 쫓는 대신 모기 유충을 박멸하기로 한 것이었다. 모기의 유충은 고여 있는 물에서만 자라지 세차게 흐르는 물에서는 자라지 못한다는 것에 착안해 연못이나 웅덩이만이 아니라 마을과 도시에 있는 저수조나 물통, 버려진 도구함까지 꼼꼼하게 점검해서 모기를 박멸했다. 그렇게 하고 나서야 마침내 황열병이 사라졌고 미국은 프랑스인의 실패가 드리운 그림자에서 벗어날 수 있었다.

윌리엄 고르가스는 백신도 없고 특효약도 없는 상황에서 치명적인 전염병의 유행을 효과적으로 막아냈다. 덕분에 1914년 완공된 파나마운하를 첫 번째 배가 지날 때까지 황열병은 잠잠했다. 그러나 황열병을 완전히 정복하기 위해서는 백신이 필요했고 백신을 개발하기까지는 적지 않은 시행착오와 희생이 요구되었다.

6

동서고금을 막론하고 정적을 제거하는 데 가장 효율적인 방법은 '말실수 유도'다. 상대가 잘 엮은 함정에 걸려들어 결정적인 말실수를 저지르면 과거에는 '반역자'로 모함해서 제거할 수 있었고 오늘날에도 '사임', '해임', '낙선' 같은 심각한 타격을 줄 수 있다. 2천 년 전 로마 총독이 지배하던 팔레스타인의 유대인 지도자들도 마찬가지였다. 그들은 나사렛의 하층민 출신이면서도 자신이 '다윗의 후손'이라고 주장하면서 감히 '하나님의 아들' 운운하는 위험한 선동가를 제거하기 위해 교묘한 질문을 준비했다.

'선생이여, 로마 황제에게 세금을 내야 합니까?'

만약 나사렛 예수라 불리는 선동가가 '세금을 낼 필요가 없다'고 대답하면 로마 총독에게 반역자로 고발하면 될 테고 설령 '세금을 내야 한다'고 대답해도 결과는 크게 달라지지 않았을 것이다. 유대인들은 자존심이 강해서 정복자에게 협력하라고 권유하는 사람을 하나님의 아들로 여기지 않을 테니 예수의 인기도 금세 시들어 유야무야 잊힐 것이기 때문이었다. 그런데 예수의 대응은 그들의 예상을 뛰어넘은 것은 물론이고 기대마저 여지없이 깨뜨렸다. 예수는 오히려 '그 동전에 찍힌 얼굴이 누구냐?'고 되물었다. 그들이 '카이사르(로마 황제의 호칭)입니다' 하고 대답하자 예수는 차분하게 말했다. "하나님의 것은 하나님에게로, 카이사르의 것은 카이사르에게로." 예수는 그렇게 대답하는 것으로 대중의 인기도 잃지 않고 반역죄의 올가미에서도 벗어났다.

예수가 '카이사르의 것은 카이사르에게로'라고 말했던 시대와 마찬가지로 오늘날에도 화폐에는 위대한 인물들의 얼굴이 그려진다. 다만 로마제국에서처럼 천편일률적으로 최고 권력자의 얼굴만 그려 넣는 곳은 몇몇 독재국가들뿐이다. 민주국가에서는 그 사회에서 큰 의미를 지닌 다양한 인물들의 얼굴이 화폐에 그려진다.

그런 면에서 천 엔 지폐의 주인공인 노구치 히데요는 일본에서 큰 의미를 부여하는 영웅이 틀림없다. 물론 일본에서는 지폐에 초상이 그려진 인물이 주기적으로 교체되기 때문에 몇 년 후에는 천 엔 지폐에서 노구치 히데요를 볼 수 없을 것이다. 어쨌거나 그는 보편적 영웅에 해당하는 요소와 일본이 사랑하는 영웅이라는 두 가지 요소를 모두 갖춘 인물이었다. 어린 시절 궁핍한 가난과 싸웠을 뿐만 아니라 심한 화상을 입은 왼손의 장애와 그로 인한 편견까지 이겨내야 했던 부분이 '보편적 영웅'에 해당하는 요소라면, 의사가 된 후 미국으로 건너가 록펠러재단의 연구원이 된 부분은 '일본이 사랑하는 영웅'에 해당하는 요소였다. 메이지 유신 이래 서구를 뛰어넘는 것이 일본의 목표였고 이른바 '군함 외교'로 일본의 빗장을 가장 먼저 푼 나라가 바로 미국이었기 때문이다. 일본이 서구에 대해 가지는 묘한 콤플렉스는 2차 대전 후에 더욱 강화된다. 프로레슬러 역도산이 국민영웅으로 떠오른 것도 거구의 백인 레슬러를 가라데 촙으로 때려 눕혔기 때문이다.

노구치 히데요가 '자수성가한 입지전적 인물'임에는 틀림없지만 천 엔 화폐의 주인공이 될 만큼 의미 있는 업적을 남겼는지는 의문이다. 특히 그가 의사 겸 세균학자로 활동했던 20세기 초반이 '위대한 발견'이 집중된 시기였다는 점을 감안하면 그가 남긴 업적은 상대적으로 초라했다. 노구치 히데요의 업적이 그렇게 초라할 수밖에 없었던 이유에 황열병이 깊이 얽혀 있다.

노구치 히데요가 의학 분야에서 세균학자로 주목받게 된 것은 스피로헤타spirochete의 규명에 성공한 것이 계기였다. 스피로헤타에는 매독의 원인균, 라임병의 원인균, 렙토스피라증의 원인균 등이 있다. 특히 노구치 히데요는 신경 매독이 의심되는 환자의 뇌에서 최초로 매독의 원인균을 찾아내서 신경 매독이 매독의 마지막 단계라는 것을 과학적으로 증명했다. 문제는 스피로헤타에서 거둔 성공이 노구치 히데요에게 도리어 부정적인 영향을 남겼다는 것이다. 스피로헤타 연구에 성공한 뒤로 '이 질병의 원인도 스피로헤타!'라고 단정하는 경향이 나타났기 때문이다. 자신을 '주목받는 학자'에서 '위대한 대가'로 드높여 줄 것을 기대하며 노구치 히데요가 새로이 착수했던 연구가 바로 '황열병 백신의 개발'이었다.

단순히 스피로헤타가 황열병의 원인이 아니라는 것만이 아니라 황열병이 정확하게는 세균이 아니라 바이러스가 일으키는 질환이라는 점을 생각하면 스피로헤타에 집착하는 노구치 히데요의 연구는 당연히 성공할 수가 없었다. 그럼에도 불구하고 노구치 히데요는 황열병 백신을 만들었다. 심지어 록펠러재단의 후원 아래 수천 명에게 접종까지 했다. 노구치 히데요는 스피로헤타의 일종인 렙토스피라Leptospira가 황열병을 일으키는 세균이라고 판단했고 백신 역시 그런 결론에 기초해서 만들었으니 실패는 당연했다. 결국 백신 접종은 중단되었고 노구치 히데요에게는 쓰라린 패배였다. 가난과 장애를 이겨내고 세계적인 세균학자가 된 노구치 히데요는 거기서 포기하지 않았다.

1927년 노구치 히데요는 록펠러재단이 오늘날의 나이지리아 라고스 주변에서 새롭게 꾸린 황열병 백신 연구팀에 합류했다. 그때까지도 그가 렙토스피라가 황열병의 원인이라고 고집했기 때문에 연구팀 합류는 사실 바람직하지 않았다. 연구팀의 주요 인물이 연구 중에 황열병에 걸려 목숨을 잃는 돌발사건만 없었다면 노구치 히데요는 끝까지 배제되었을 가능성이 컸다. 우여곡절 끝에 황열병 백신 개발의 최전선으로 돌아오게 된 노구치 히데요는 '렙토스피라가 황열병의 원인'이라는 가설에 맹목적으로 매달렸다. 원숭이를 황열병에 감염시킨 후 해당 원숭이에게서 렙토스피라를 찾아내려는 계획이었다. 1,200마리의 원숭이가 황열병에 감염되어 희생되었는데도 단 한 마리에서도 렙토스피라가 발견되지 않자 노구치 히데요는 너무 절박해서 반쯤 정신 나간 사람처럼 행동했다. 렙토스피라가 황열병의 원인이라는 주장은 이제 맹목적 신념을 넘어 종교적 신앙으로 발전해서 실험의 안전성은 뒤로 밀렸다. 그러다가 난데없게도 노구치 히데요 자신이 황열병에 감염되어 1928년 봄, 사망하고 말았다.

노구치 히데요의 죽음 이후 황열병 백신 연구는 새로운 국면을 맞이한다. 막스 타일러가 이끄는 연구팀은 '바이러스가 황열병의 원인'이라고 판단했고, 1930년대에 백신의 기초가 될 발견을 얻은 후 1940년대 후반 '17D'라 불리는 실용석인 황열병 백신을 드디어 완성해냈다. 막스 타일러는 이 업적으로 1951년 노벨의학상을 수상했다. 재미있게도 막스 타일러는 렙토스피라가 황열병의 원인이라던 노구치 히데요의 주장을 가장 신랄하게 비판했던 사람이다.

오늘날에도 황열병은 열대의 아프리카와 남아메리카에서 여전히 적지 않은 사람들을 괴롭히고 있다. 그렇지만 황열병은 이제 더 이상 19세기와 20세기 초반처럼 무시무시한 질병이 아니다. 물론 모기가 옮기는 질환, 정확히 말해 '모기의 침'이 옮기는 질환은 여전히 위협적이다. 말라리아처럼 좀처럼 정복할 수 없는 오래된 적이 있는가 하면 웨스트 나일 바이러스처럼 새롭게 세력을 키워가는 악당도 있다. 아마도 모기가 존재하는 한 우리는 그런 질환의 공포에서 벗어나지 못할 것이다.

침을 마르게 하라,
1995년 3월 도쿄와 2010년 가을 대구

1

상상력은 인간이 지닌 가장 강력한 무기다. 인간 말고도 사회적 관계를 맺으며 무리를 구성하거나 기발한 도구를 사용하는 동물은 많다. 예를 들어 침팬지는 그 두 가지 특징을 동시에 지니고 있어 궁정 암투를 연상케 하는 파벌 싸움을 즐기고, 정교하게 다듬은 나뭇가지로 흰개미를 잡아먹는다. 그러나 침팬지를 포함해서 어떤 동물도 인간처럼 강력한 상상력을 지니지는 못했다. 인간은 강렬한 상상력 덕분에 발전해 왔다. 당장은 굳이 더 나은 도구가 필요하지 않은데도 인간은 주변에서 얻는 다양한 자원으로 보다 강력하고 정교한 도구를 만드는 시도를 계속해 왔다. 주변에서 식량을 충분히 구할 수 있고 안락한 잠자리를 마련할 수 있는데도 산, 강, 사막, 바다 건너에서 새로운 땅을 찾으려 했다. 인간은 '죽음 이후'와 같은 실질적인 이익이 없는 문제에도 골몰했고 해가 뜨고 지는 것, 별자리가 나타났다가 사라지는 것, 바람이 불고 천둥이 치는 것 같은 현상을 나름대로 그럴듯하게 설명하려고 노력했다. 심지어 새와 박쥐처럼 날아다니는 법까지 찾으려고 했다. 그런데 때때로 이런 상상력이 약간 기괴하게 뒤틀리기도 했는데, 커다란 배를 타고 대양을 건너는 법을 알아내자 이번에는 '물에 뜨는 것이 아니라 물 아래로 항해하는 배'를 만들려는 시도까지 했다. 인간의 이런 상상력이 처음에는 허무맹랑하게 보여도 이내 실용적인 목적을 찾았다. 독일이 만든 물 아래로 항해하는 배, 그러니까 잠수함은 1차 대전과 2차 대전 내내 강력한 해군을 자랑하던 대영제국을 괴롭혔다.

영국인도 그런 허무맹랑한 상상력에서 결코 독일인에게 뒤지지 않았다. 19세기에 접어들어 런던은 산업혁명의 영향으로 '세계의 수도'로 발돋움했고 템즈강 항구는 세계 곳곳에서 온 배들로 가득했다. 그런 면에서 템즈강은 런던에 없어서는 안 될 소중한 존재였지만 다른 한편으로는 강 양쪽의 교통의 흐름을 방해하는 걸림돌이기도 해서 강을 가로지르는 다리가 하나둘씩 건설되기 시작했다. 문제는 템즈강이 단순한 장애물이 아니라 런던을 세계와 이어주는 중요한 수로여서, 무턱대고 다리를 만들었다간 수로로 이용하기 어려워진다는 것이었다. 큰 배가 지나갈 때마다 다리를 들어올리게 설계할 수도 있었지만 그것은 완벽한 해결책이 아니었다. 그때 누군가 허무맹랑한 상상을 했다.

'템즈강 아래로 터널을 만들자'

그럴듯한 발상이었지만 강폭이 넓은 템즈강 하류에 터널을 뚫기란 오늘날에도 쉬운 일이 아니다. 더군다나 19세기 중반의 기술로는 더욱 벅찼다. 정확히 얼마를 파고 내려가야 할지도 불분명했다. 특히 템즈강의 바닥은 부드러운 흙과 모래로 되어 있어서 충분한 깊이까지 파고 내려가지 않으면 터널을 뚫기가 불가능했다. 당연히 깊이 내려갈수록 일은 힘들고 위험한데다 공사비도 많이 들 수밖에 없었다. 게다가 터널을 완성해도 조명은 어떻게 설치하고 환기는 어떤 방식으로 할지, 터널에 차오르기 마련인 지하수는 또 어떻게 배출할지…… 해결해야 할 문제가 한두 가지가 아니었다.

그럼에도 불구하고 천신만고 끝에 1843년 템즈강 터널이 완성됐다. 처음에는 이 '템즈강 아래 통로'로 보행자와 마차들만 다녔는데, 곧 기차를 이용하자는 의견이 나왔고 아예 런던 지하에 철도를 건설하자는 여론까지 만들어졌다. 결국 1863년 1월 10일 세계 최초의 지하철도, 그러니까 오늘날의 지하철이 개통되었다. 물론 1863년의 런던 지하철은 오늘날의 지하철과는 달리 증기기관차를 사용했기 때문에 소음과 매연이 엄청났다. 그래도 첫 해에만 950만 명의 승객을 실어 날랐고, 어느새 세계 곳곳으로 퍼져 나가 20세기 후반 뉴욕, 파리, 베를린 같은 대도시에서 지하철은 필수적인 교통수단이 되었다.

도쿄도 예외가 아니었다. 도쿄의 지하철은 런던과 뉴욕보다는 서울과 타이베이 같은 다른 동아시아 도시의 지하철과 비슷한 부분이 많다. 정체가 심한 도로 교통을 피해 많은 사람이 출퇴근용으로 지하철을 선호했고 그래서 아침저녁으로는 콩나물시루나 과거 아프리카 대륙에서 납치한 흑인 노예를 신대륙으로 실어 나른 노예선을 연상케 할 만큼 붐볐다. 사람들은 회사에 늦지 않으려고 어떻게든 지하철을 타려고 밀려들었고, 급기야 1990년대에는 지하철

안으로 승객을 밀어 넣어 주는 '푸시맨'이라는 직업까지 탄생했다.

1995년 3월 20일 도쿄 지하철의 아침 풍경도 처음에는 평소와 크게 다르지 않았다. 하얀 와이셔츠에 튀지 않는 색상의 넥타이를 맨 정장을 군복처럼 차려입고 한 손에는 서류가방을 든 직장인, 청바지 차림에 염색을 한 삐죽삐죽한 머리카락이 돋보이는 대학생, '오피스 레이디Office Lady'라는 일본식 단어를 만들어낸 젊은 여성들로 지하철 안은 대단히 복잡했다. 대부분은 무표정하게 서 있었고 운 좋게 자리에 앉은 사람들은 신문이나 만화책을 펼쳤다. 그런데 복잡한 지하철 한편에서 액체가 든 비닐봉지를 바닥에 던져놓고 뾰족한 우산 끄트머리로 찌르는 사람이 있었다. 평범한 일본인 대부분이 '다른 사람에게 피해를 주지 않는다'는 예절에 강박적으로 매달린다는 점을 감안하면 예외적인 행동이었지만, 보는 사람들도 그저 눈살만 한번 찌푸릴 뿐 크게 주의를 기울이는 사람은 없었다. 비닐봉지에 든 액체가 무엇인지 확실치 않았지만 별다른 악취가 나는 것도 아니었다. 다만 몇몇 사람이 매스껍고 머리가 아프다고 생각해서 다른 칸으로 자리를 옮겼다.

2

1995년 3월 20일 오신, 도쿄의 한 대형병원 응급실에 환자들이 몰려들었다. 응급실은 늘 붐비기 마련이지만 적어도 출근시간은 응급실에서 '피크 타임'이 아니었다. 그러나 출근시간이 한창일 때부터 환자들이 들이닥쳤다. 직접 걸어온 사람, 택시를 타고 온 사람, 구급차에 실려 온 사람 등 응급실을 찾은 방법은 저마다 달랐지만 그들 모두 지하철역에서 왔거나 지하철을 타고 출근을 했다가 얼마 지나지 않아서 응급실에 왔다는 공통점이 있었다. 증상도 다들 비슷했다. 몇몇은 혼수상태였고 심한 호흡곤란을 호소하는 사례도 있었으며 심지어 심정지 상태로 도착한 사람도 있었다. 의식이 있는 사람들은 하나같이 매스껍고 머리가 아프다, 어지럽고 조명을 끈 지하실에 들어선 것처럼 세상이 어둡게 느껴진다, 콧물과 침이 갑자기 너무 많이 나와서 괴롭다고 호소했다. 의식이 없는 상태로 도착한 사람들도 질질 흐르는 침을 주체하지 못해 입 주변이 침 범벅이 되어 있는 경우가 많았다.

응급실 의료진은 경악했다. 아니 '공황상태에 빠졌다'는 표현이 더 적절했다. 누구도 경험해 보지 못한 상황이었다. 증상의 원인이 무엇인지 조그마한 실마리조차 찾을 수 없었다. 지하철과 관련이 있다는 것만은 분명했지만 그 외에는 아무것도 알지 못해서 어떻게 대처해야 할지 감도 잡을 수 없을 만큼 혼란스러웠다.

몇 시간이 지나자 언론에서 '지하철 테러'란 말이 나왔다. 증상이 심하지 않아 의식이 있는 환자들의 입에서 '지하철 바닥에 있던 찢어진 비닐봉지' 또는 '액체가 담긴 비닐봉지를 우산 끄트머리로 찌르던 사내들'이 있었다는 말이 나왔다. 덕분에 '정체를 알 수 없는 전염병과 독성물질 노출' 사이에서 갈팡질팡하던 의료진도 곧 '독성물질 노출'이라는 데 의견을 모을 수 있었다. 독성 물질의 목록도 사린이나 겨자가스 같은 신경가스로 추려졌다. 그러나 의료진이 신경가스에 대한 치료를 시작했을 때는 이미 적지 않은 사람들이 사망하거나 회복이 불가능할 만큼 악화된 후였다.

며칠이 지나자 사건의 전말이 밝혀졌다. 출근길, 붐비는 도쿄의 지하철에 신경가스를 살포한 조직은 신흥 종교인 옴진리교였다. 시각장애인이었지만 그런 장애 때문에 한층 더 신비로워 보이는 아사하라 쇼코가 교주였는데, '신흥 종교'라기보다는 '사이비 종교'에 가까웠다. '최후의 심판'이나 '세상의 종말'에 매달리는 것은 사이비 종교 대부분의 특징이다. 다만 옴진리교는 일반적인 사이비 종교가 단순히 최후의 심판이나 세상의 종말을 기다리면서 자신들을 구원할 구세주인 교주를 신으로 떠받드는 것과는 달리 최후의 심판이나 세상의 종말을 자기들이 '직접' 만들어내려고 했다. 사회 혼란을 일으켜 정부를 무너뜨린 다음 아사하라 쇼코를 중심으로 하는 새로운 세상을 건설한다는 것이 목표였다.

옴진리교는 도쿄 지하철 테러 이전에도 변호사 가족을 살해하거나 자기네를 방해하는 사람을 납치하는 등 크고 작은 범죄를 일으켰고, 지하철 테러 후에도 지하철 화장실에 폭탄을 설치하는 범죄를 또다시 저질렀다. 다행히 폭탄이 터지기 전에 경찰이 제거했다. 옴진리교의 비밀기지를 급습해서 아사하라 쇼코를 비롯한 수뇌부를 체포한 후에 밝혀낸 사실은 그들이 독가스만이 아니라 당시 정치적으로 혼란했던 구소련 지역에서 핵무기까지 밀수할 계획이었다는 것이다.

3

2010년 가을, 응급의학과 3년차 레지던트인 나는 무덤덤한 표정으로 응급실 중환자 구역에서 침대에 누워 있는 환자를 지켜보고 있었다. 고된 야외 노동으로 피부가 까무잡잡한 환자는 남자였고 체격이 왜소했다. 젊지 않다는 것만 알 수 있었을 뿐 나이는 가늠하기가 어려웠다. 양쪽 눈에는 안과용 연고를 바른 거즈가 덮여 있었고 입에는 길고 투명한 플라스틱 관이 물려 있었다. 그 플라스틱 관은 반투명의 호스를 통해 펌프가 달린 커다란 기계와 연결되어 있었는데 커다란 기계의 펌프가 부드럽게 움직일 때마다 그의 가슴이 오르내릴 뿐 그 외에는 아무런 움직임이 없었다. 손가락 끝에는 산소포화도 측정 센서가 달려 있고 가슴팍에는 심전도 전극이 부착되어 있었다. 오른쪽 쇄골 아래 중심정맥관central venous line, 심장으로 직접 연결되는 약물 주입 통로이 자리 잡았고 침대 옆에는 도뇨관foley catheter과 연결된 소변 주머니가 걸려 있었다.

그 모든 '의학적 처치의 결과물'은 사내를 환자가 아닌 개인으로 인식하는 것을 방해했다. 나는 한참 동안 환자를 지켜보다가 문득 어떤 생각이 들어서 그에게 다가가 오른손을 뻗어 환자의 겨드랑이를 만져보았다. 어, 뭔가 이상했다. 서둘러 수술 장갑을 끼고 내 오른쪽 두 번째 손가락을 긴 플라스틱 관이 물려 있는 환자의 입안으로 집어넣었다. 수술 장갑에 묻은 침을 확인하고 나서 담당 간호사에게 말했다.

"아트로핀atropine 투여량을 시간당 3mg에서 5mg으로 늘립니다. 지금부터 추가로 투여하세요."

그때 나는 환자의 겨드랑이에서 축축한 땀이 사라지고 환자의 입안 역시 사막처럼 바싹 마르기를 간절히 바랐다. 이유는 간단했다. 그래야만 환자가 살아남을 수 있었기 때문이다.

4

1995년 3월 20일, 도쿄 지하철에서 정체불명의 남자들이 뾰족한 우산 끄트머리로 찢었던 비닐봉지 안에는 액체 상태의 사린이 들어 있었다. 액체 상태의 사린은 공기 중에서 빠르게 기체로 변했고 많은 지하철 승객들이 그 가스를 들이마셨다. 2010년 3월, 내가 근무하던 8급실에 실려 온 거무튀튀하고 왜소한 사내는 자살을 하겠다고 농약을 마시고 의식이 없는 상태로 발견되었다. 이런 차이에도 불구하고 1995년 3월 20일 도쿄 대형병원 응급실 의료진과 2010년 가을 응급의학과 레지던트 3년차였던 내가 선택한 치료법은 같았다.

도쿄 대형병원 응급실에서는 수천 명의 환자가 발생했고 의료진이 '사린가스'라는 원인을 금방 찾아내기 어려웠지만 2010년 가을의 나는 환자가 한 명이었고 '유기인계 농약'이란 원인을 어렵지 않게 찾아낼 수 있었다는 것만 달랐다. 치료법이 같았던 이유는 사린가스와 유기인계 농약이 독성만 다를 뿐 작용 기전은 동일하기 때문이었다.

사린은 투명한 색깔과 특별한 냄새가 없는 물질로, 액체 상태로 존재할 수도 있지만 아주 빨리 기체로 변한다. 인간이 합성한 물질로 자연에는 존재하지 않으며, 1938년 독일에서 처음으로 개발되었을 때만 해도 군사 목적은 아니었다. 애당초 민간에서 살충제로 개발한 것이었는데 무색무취인데다 쉽게 기체로 변하고 넓게 퍼지는 성질이 있었다. 그것이 곤충만이 아니라 포유류에도 치명적인 독성이 있다는 사실은 곧장 나치 수뇌부의 관심을 끌었고, 이내 군사 목적으로 전용되었다. 사린은 1차 대전 때 사용했던 염소가스와 겨자가스보다 훨씬 효과적이었다. 하지만 나치 독일은 사린을 실제 전투에 사용하지는 못했다. 사린이 무시무시한 위력을 뽐낸 것은 이라크의 독재자 사담 후세인이 쿠르드족 민간인을 학살하고 이란-이라크 전쟁에서 이란군에게 살포했을 때다.

사린은 원래 살충제로 개발된 것이니만큼 유기인계 농약과 작용 기전은 동일하다. 인간을 비롯한 포유류의 신경계에는 아세틸콜린이라는, 이른바 신경전달물질neurotransmitter이 있다. 아세틸콜린이 분비되어야 신경과 신경, 신경과 근육 사이에서 움직임을 일으키는 신호가 전달된다. 쉽게 설명하면 아세틸콜린은 스위치를 올려 기계의 작동을 시작하게 해주는 물질이다. 그런데 적당한 시점에서는 기계를 꺼야 한다. 스위치를 켜두기만 하면 기계에 탈이 날 수밖에 없다.

아세틸콜린에스테라제acetylcholinesterase라는 아세틸콜린 분해 물질도 있다. 쉽게 설명하면 스위치를 내려 기계의 작동을 멈춰 주는 효소다. 그런데 사린가스와 유기인세 농약 둘 다 아세틸콜린에스테라제와 결합하면 아세틸콜린 분해 작용을 방해한다. 인체가 사린가스나 유기인계 농약에 노출되었을 때 스위치가 켜지기만 할 뿐 꺼지지는 않는 기계처럼 만들어 버린다는 말이다. 그렇게 되면 분비량이 많아진 콧물과 침이 쉴 새 없이 흘러내린다. 동공pupil이 작아져서 밝은 장소에서도 불을 끈 지하실처럼 어둡다고 느끼고, 악화되면 호흡 근육까지 마비된다. 매스꺼움, 구토, 두통, 착란, 혼수 감은 증세가 나타나기도 하지만 빈번식으로 가장 중요한 사망 원인은 호흡 근육이 마비되어 생기는 호흡 부전이다.

사린가스 중독이나 유기인계 농약 중독으로 밝혀지면 치료 방법은 두 가지다. 호흡 근육의 마비가 심한 환자에게는 우선적으로 기관내삽관endotracheal intubation을 시행하고 인공호흡기ventilator를 부착해서 생존할 수 있는 시간을 확보해야 한다. 그런 다음 분해되지 않아 과도해진 아세틸콜린을 해결한다. 사린가스나 유기인계 농약에 노출되고 나서 얼마 지나지 않았다면 2-PAM이란 해독제부터 투여한다. 2-PAM은 사린가스나 유기인계 농약이 아세틸콜린에스테라제와 결합하는 것을 방지하는 약물이다. 근본적인 해독제지만 이미 사린가스나 유기인계 농약이 아세틸콜린에스테라제와 결합한 후에는 효과가 없다는 것이 문제다.

그런 경우에는 아트로핀atropine을 투여한다. 아트로핀은 인체에 투여했을 때 아세틸콜린과는 정반대 효과를 나타내는 약물이다. 아세틸콜린이 침 같은 분비물을 증가시키고 동공을 축소시키는 반면 아트로핀은 침이나 콧물 같은 분비물을 감소시키고 동공을 확대시킨다. 분비된 아세틸콜린이 분해되지 않아 인체의 스위치가 과도하게 켜진 것이 문제이니 아세틸콜린과 정반대 효과를 내는 아트로핀을 투여해서 과도하게 켜진 스위치를 꺼주는 것이다. 2-PAM의 효과를 기대할 수 있는 시간이 지났어도 인공호흡기를 부착하고 아트로핀을 충분히 투여해서 사린가스나 유기인계 농약이 저절로 배출되어 독성이 사라질 때까지 환자의 상태가 악화하는 것을 막아주면 생존을 기대할 수도 있다.

그렇다면 아트로핀 투여량은 어떻게 결정할까? 또 아트로핀이 적절한 효과를 내고 있는지를 확인할 수 있는 방법은 무엇일까? 대부분은 혈액 검사를 떠올리겠지만 의외로 아주 간단하다. 겨드랑이와 입안을 확인하면 된다. 겨드랑이가 축축하고 입안에 침이 흥건히 고여 있다면 아트로핀 투여량을 늘려야 한다. 반면에 겨드랑이가 건조하고 입안도 바싹 말라 있다면 아트로핀이 충분한 효과를 내고 있는 것이니 투여량을 늘릴 필요가 없다. 2010년 가을 내가 환자의 침이 마르기를 간절히 바랐던 것도 같은 이유에서다. 1995년 3월 20일 도쿄 응급실의 의사들도 아마 나와 같은 바람을 가졌을 것이다.

침과 피,
좀비와 드라큘라

1

손을 눈높이까지 들어올려 손가락을 활짝 펼친 다음 힘껏 주먹을 쥐면 바로 물방울이 맺힐 것처럼 공기가 축축했다. 어둠이 내려앉은 후에도 열기는 사라지지 않았다. 낮부터 하늘을 가득 채운 구름은 밤에도 희뿌옇게 보일 만큼 낮게 깔려 있었다. 그런 구름 사이로 가끔씩 번개가 번쩍이면 잠시 후 멀리서 '크르릉' 소리가 들려왔다.

그랬다. 허리케인이 다가오고 있었다. 새로운 날이 밝으면 세찬 바람이 휘몰아치며 빗방울이 날릴 것이다. 얼마 지나지 않아 빗방울은 굵은 빗줄기로 바뀌고 하늘의 문이 열린 듯 쏟아져 내릴 것이다. 번개는 한층 가까이서 번쩍이고 천둥소리도 멀리서 크르릉 하지 않고 귓전에서 대지를 뒤흔들어 놓을 것이다. 지붕보다 높은 파도가 해안을 쓸어버리고 나무가 뽑히고 창고가 무너질 것이다. 모두가 허리케인의 시작을 보겠지만 많은 사람이 허리케인의 끝은 보지 못할 것이다. 누가 허리케인의 끝을 보지 못하게 될지는 아무도 모른다. 적어도 인간은 알 수가 없다. 오직 신만이 아실 것이며 정령과 조상만이 눈치 채고 있을 것이다.

그러니 그들은 기도할 수밖에 없었다. 물론 모든 사람이 같은 신에게 기도하지는 않는다. 백인은 백인의 신에게 기도하고 그들은 그들의 신에게 기도한다. 백인이 금지한 신, 그러나 오래 전 아프리카에서부터 그들의 조상과 함께해 온 신에게. 백인의 신은 백인을 구해줄 뿐이니 허리케인에서 살아남으려면 백인이 금지하고 모욕한 '그들의 신'께 매달릴 수밖에 없다. 그들이 모인 이유도 그 때문이었다. 그들은 백인과 그 앞잡이들의 눈이 미치지 못하는 공간에 하나둘 모여들었다. 백인의 채찍이 미치지 못하는 곳이라 그 자리에는 노예만이 아니라 도망자도 있었다. 스스로 사슬을 끊고 자유를 찾아 험한 산으로 달아났던 도망자조차 허리케인 앞에서는 기도하기 위해 돌아올 수밖에 없었다. 평소라면 기도하려고 모였을 때 반갑게 서로 인사하며 미처 나누지 못한 안부를 물었을 테지만 이번에는 쥐죽은 듯 조용했다. 허리케인의 공포가 모두를 짓눌렀기 때문이다. 멀리서 울부짖는 크르릉 소리를 들으며 모두 숨을 죽인 채 기다릴 수밖에 없었다.

그때 덩치 큰 사내가 나타났다. 중년에 접어든 사내는 보통 체격이었지만 아주 당당해서 거인처럼 느껴졌다. 다른 사람과 다르지 않은 평범한 차림이었지만 누구나 사내가 '그 장소의 주인', 그러니까 '신과 이어주는 사람'이라는 것을 알아차릴 수 있었다. 눈을 부릅뜨지 않았어도 크고 강렬했다. 광대는 거칠고 단단했으며 커다란 콧구멍에는 힘이 넘쳤고 굳게 다문 입술에서는 권위가 느껴졌다. 사내는 크고 강렬한 눈으로 사람들을 바라보았다. 신기하게도 그 공간에 있는 모든 이들이 사내가 자신을 노려보는 것 같은 기분을 느꼈다. 사내는 한참을 그렇게 말없이 있다가 입을 열었다.

"태양을 만드사 우리에게 빛을 주신 분, 바다의 파도를 다스리고 천둥을 울리는 분, 그 전능한 신께서 저 구름에 숨어 우리를 지켜보신다. 그 전능자께서는 백인의 사악한 행동도 보고 계신다. 백인에게 사악한 죄악을 요구하는 백인의 신과 달리 우리의 전능자께서는 우리에게 선한 일을 원하신다. 전능자께서는 공정하시어 우리에게 복수를 명하신다. 복수에 나서는 우리를 전능자께서 인도하고 지켜주실 것이다. 그러니 백인의 사악한 신을 던져 버려라! 족쇄를 풀고 눈물을 멈추어라! 전능자께서 우리에게 주신 자유의 목소리를 들어라! 모두 전능자의 명령에 순종하라!"

사내의 말은 모두의 예상을 빗나갔다. 사람들은 그저 허리케인에서 지켜줄 축복을 바랐을 뿐이다. 당혹스런 침묵이 이어졌지만 오래가지 않았다. 마법이었을까? 신기하게도 사람들은 허리케인을 잊어버렸다. 정확히 말하면 허리케인이 주는 공포를 조금도 느끼지 않았다. 대신 심장에서부터 빠져나와 혈관을 타고 흐르는 힘을 느꼈다. 머리카락이 쭈뼛해지고 눈에서 열기가 뿜어져 나올 것만 같았다. 사내는 더 이상 아무 말도 하지 않았지만 사람들은 모두 해야 할 일을 알았다. 이제 백인이 피를 흘릴 시간이었다. 백인의 피로 집과 밭과 숲을 붉게 물들이고 허리케인에 깨끗이 씻겨 나가길 기다려야 할 시간이었다.

사내의 이름은 두티 부크만. 사내의 강력한 말에 마음이 흔들린 사람들은 아이티의 노예였고 1791년 8월, '아이티 노예혁명'의 첫 불꽃이 타올랐다.

2

신대륙에 가장 먼저 발을 내디딘 국가는 스페인이었다. 카리브해의 섬을 발판삼아 남아메리카의 거의 전부와 북아메리카 일부에 식민지를 건설했다. 스페인이 신대륙에서 약탈한 막대한 은은 '멕시코 은'이라고 불리며 세계 경제를 변화시켰다. 그러나 신대륙의 보물은 금과 은만이 아니었다. 카리브해의 섬에서 재배하는 사탕수수와 담배도 달콤한 수익을 가져다 주었다. 다른 국가들도 하나둘 신대륙에 관심을 보였다. 스페인이 쿠바를 차지한 것처럼 영국은 자메이카에, 프랑스는 아이티에 깃발을 꽂았다.

그들도 똑같이 사탕수수와 담배를 재배했다. 하지만 그들의 대규모 농장은 곧 문제에 직면했다. 일꾼이 턱없이 부족했던 것이다. 카리브해의 원주민은 신대륙의 다른 원주민들과 마찬가지로 천연두 같은 구대륙의 질병에 취약해서 몇 번의 전염병 유행을 겪고 나서 집단 전체가 붕괴해 버렸기 때문이다. 스페인, 영국, 프랑스가 모두 생각해낸 방법은 아프리카에서 흑인 노예를 데려오는 것이었다. 흑인 노예들은 천연두 같은 구대륙의 질병에는 강했지만 농장의 노동 환경은 가혹했다. 태어나는 노예가 사망하는 노예보다 많았던 해가 거의 없을 정도여서 계속해서 아프리카에서 더 많은 흑인 노예를 데려올 수밖에 없었다. 그러다 보니 어느새 흑인 노예가 원주민과 백인을 수적으로 압도했다.

카리브해의 통치자는 백인이 틀림없었지만 '삶을 이어 간다'는 면에서 보면 카리브해의 실제 주인공은 흑인 노예였다. 흑인 노예들은 가혹한 삶을 버텨내기 위해 믿음에 의지할 수밖에 없었다. 처음에는 자기네 조상들의 믿음을 이어가려고 했지만 백인 주인들은 허락하지 않았다. 백인들은 그들에게 조상의 믿음 대신 백인의 신을 섬기도록 강요했다. 흑인 노예들 역시 백인 주인만큼이나 완강했다. 겉으로는 백인의 신을 섬기는 척하면서 속으로는 조상의 믿음을 지키려고 노력했다. 그 결과로 아프리카의 토착종교와 가톨릭이 묘하게 섞인 새로운 종교가 탄생했다. 훗날 부두교라 불리는 이 새로운 믿음이 가장 깊이 뿌리내린 곳은 프랑스가 다스리는 아이티였다.

식민지 모국인 프랑스를 뒤흔든 1789년 대혁명의 영향을 받아 1791년에 아이티의 흑인 노예들이 자유를 부르짖으며 봉기했는데, 초기에는 부두교가 구심점이었다. 1791년 8월의 첫 번째 봉기를 선동한 두티 부크만도 부두교 사제였다.

물론 부두교는 한마디로 딱 잘라 규정하기 어려운 신앙이다. 아프리카의 다양한 토착종교와 가톨릭이 혼합되었고 적게나마 이슬람의 영향도 받았다. 하나의 믿음이라기보다 아주 많은 믿음의 느슨한 연맹에 가깝다 보니 사제의 성향에 따라 완전히 다른 종교처럼 보이기도 했다. 이런 부두교가 오늘날 카리브해 밖에서까지 유명해진 데는 할리우드 영화가 한몫을 했다. 몰래 훔쳐온 적의 머리카락을 '저주 인형'에 넣어 바늘로 찌르고 불로 태우는 부두교 사제는 공포영화의 단골손님이다. 부두교는 공포영화에 영감을 주었을 뿐만 아니라 완전히 새로운 장르의 출현에도 공헌했다.

그 새로운 장르의 출현에 대해 알아보려면 '부두교의 영혼론'을 먼저 살펴봐야 한다. 간략하게 말해서 부두교에서는 인간에게 '큰 영혼'과 '작은 영혼'이 있다고 믿는다. 육체가 생존하도록 하는 것은 큰 영혼인데 큰 영혼이 있어야 숨을 쉬고 심장이 뛰고 팔다리를 움직일 수 있다. 반면에 작은 영혼은 개인의 인격으로, 작은 영혼이 있어야 웃고 울고 미워하고 사랑할 수 있다. 작은 영혼이 사라져도 큰 영혼이 육체에 남아 있으면 사람은 죽지 않고 다만 울고 웃고 사랑하고 미워하는 의지만 사라질 뿐이다. 이런 믿음 때문에 강력한 부두교 사제들은 인간을 '큰 영혼은 남아 있고 작은 영혼만 사라진 상태'로 몰아넣음으로써 노예처럼 부릴 수 있다.

이런 부두교의 믿음과 광견병의 공포가 뒤섞여 오늘날의 '좀비'가 만들어졌다. 좀비는 인간의 감정과 인격을 모두 잃어버리고 굶

주린 배를 채우기 위해 인육을 먹으려는 본능만 남아 있는 '살아 있는 시체'인데, 저주 때문이 아니라 '침을 통해 전염되는 질병'이라서 물리면 똑같은 존재가 된다는 설정은 부두교와 광견병을 상업영화에 걸맞게 잘 버무려놓은 천재적인 발상이다.

하나의 장르를 만들 만큼 상업적으로 성공한 괴물은 좀비 말고도 하나 더 있다. 같은 상업영화의 주인공이지만 좀비와는 완전히 다른 개성을 지닌 강력한 경쟁자다.

3

뒤척이다 일어난 유수프는 촛불을 켰다. 이른 저녁부터 잠을 자보려고 노력했지만 가까스로 빠져든 얕은 잠은 오히려 그를 괴롭혔다. 슬그머니 스며든 악령이 머리를 헤집어놓았는지 묘한 꿈이 꼬리에 꼬리를 물고 떠올랐다. 전장의 병사에게 그런 악몽은 익숙한 불청객이다. 특히 긴 원정길에 올라 낯선 '적의 땅'에서 지내다 보면 때때로 잠을 이루기 힘든 밤을 맞이하곤 한다. 그러나 유수프는 평범한 병사가 아니었다. 9년 전에 '한 번도 무너진 적이 없던 성벽'을 무너뜨리고 콘스탄티노플을 정복했을 때도 유수프는 노련한 병사이자 용감한 전사였다. 9년이란 세월이 흘러 이제는 그때만큼 빠르거나 튼튼하지 않아도 여전히 그는 강인하며 그때보다 훨씬 신중하고 침착해졌다. 다시 9년이 흐르고 나면 노쇠한 늙은이가 되어 있겠지만 아직은 술탄의 어느 병사보다도 빠르게 화승총을 장전할 수 있고 누구보다 멀리 화살을 날릴 수 있으며 상대가 알아차리기 전에 날카로운 칼날로 목을 그어 버릴 수도 있다. 그러니 잠을 이루지 못하는 밤은 대단히 드물었다. 전장의 잠자리가 아무리 불편해도 평안한 휴식을 누릴 수 있었던 유수프에게 그런 상황은 대단히 어색했다. 어차피 못 잘 바에야 총이나 손질하기로 했다.

총은 신기한 무기다. 검이나 활과는 완전히 다르다. 굳이 따지면 검과 활은 오랜 친구다. 지나치게 오랫동안 잊고 지내지만 않는다면 가끔 찾아봐도 절대 신뢰를 깨뜨리지 않는다. 적당히만 손질해줘도 필요한 순간에 제 몫을 다하고 비가 내리든 눈이 쏟아지든 어느 정도는 믿을 수 있다. 그러나 총은 그렇지 않다. 심술쟁이 여인과 같아서 잠깐만 관심을 안 기울여도 결정적인 순간에 배신을 한다. 눈과 비에는 말할 것도 없고 심지어 바람 없이 맑은 날에도 제대로 작동하지 않을 때가 있다. 물론 제대로만 작동하면 그 위력은 검과 활이 감히 넘볼 수 없다. 가톨릭 군주들이 보낸 군대가 번번이 패배한 것도, 거대한 성벽이 있었음에도 불구하고 콘스탄티노플이 정복당할 수밖에 없었던 것도 모두 술탄의 총과 대포가 지닌 무시무시한 위력 때문이었다.

그런데 그날따라 총을 손질해 봐도 유수프의 마음이 편치 않았다. 지난 보름 동안 겪은 일을 떨쳐버릴 수 없었기 때문이다. 15년 넘게 술탄의 병사로 전장을 누비며 온갖 잔혹하고 끔찍한 장면을 다 보고 들어왔지만 지난 보름 동안의 일은 유수프로서도 도저히 덤덤하게 넘길 수 없는 경험이었다.

술탄의 지휘 아래 다뉴브강 근처로 진격했을 때만 해도 어느 때처럼 병사들의 사기는 하늘을 찔렀다. 가톨릭이든 정교회든 그 어리석은 이교도들이 한 번이라도 술탄에게 승리한 적이 있었던가? 패배하고 도망치고 정복당하고 항복하고 평화를 구걸하는 쪽은 늘 상대방이었다. 더구나 이번에 마주할 상대는 신성로마제국의 황제도 아니고 헝가리 왕도 아닌, 작고 볼품없는 땅을 다스리는 대공에 불과했다. 게다가 그는 어린 시절을 술탄의 궁정에서 포로로 보낸 불쌍한 인간이었다. 자신이 다스리는 작고 볼품없는 땅에서조차 완벽한 권위를 확립하지 못한 불쌍한 인간이 술탄의 사절을 공개적으로 살해하고 공물 납부를 거부했으며, 도적떼나 다름없는 군대로 전쟁을 시작했다는 것이 도무지 이해되지 않았다. 술탄께서 십만이 훌쩍 넘는 병력을 동원한 것도 그로서는 이해하기 어려웠다.

다뉴브강 근처에 도착하자 생각이 달라졌다. '왈라키아 대공'이라는 그 불쌍하고 가증스런 반역자가 습격하고 지나간 마을에 다달을 때 그들은 전혀 예상치 못한 장면을 목격하고 말았다. 마을로 향하는 농경지가 엉망진창인 것은 이해할 수 있었다. 적에게 식량을 남겨주지 않으려고 농작물을 뒤엎고 불을 지르는 일은 흔했지만 마을로 향하는 길이 너무 조용했다. 농작물을 뒤엎고 불을 질렀더라도 사람은 남아 있어야 했다. 주민 상당수를 살해했더라도 모두 죽이는 경우는 극히 드물었다. 그런데 마을로 향하는 길은 지나치게 조용할 뿐만 아니라 인기척조차 없었다.

마을에 들어서자 반쯤 타버린 건물에서 풍기는 매캐한 냄새와 고약한 피비린내가 진동했고 곧이어 주민들이 나타났다. 그러나 유수프가 기대했던 모습은 아니었다. 반쯤 타버린 건물 앞에는 나무로 만든 장대가 서 있었는데 주민들은 바로 그 장대에 걸려 있었다. 정확히 말하면 집집마다 끝을 날카롭게 깎은 장대가 세워져 있고 주민들이 그 장대에 고기처럼 꿰어 있었다는 것이다. 살아 있는 사람은 아무도 없었고 몸부림을 친 것 같은 동작, 공포와 고통에 질린 표정이 그대로 남아 있는 것으로 미루어 보면 대부분 산 채로 꿰어진 것 같았다. 그렇게 꿰어진 사람들 가운데는 이슬람교도와 술탄에게 충성하는 관리와 병사가 있었고 이교도도 많았다. 그러니까 왈라키아 대공이란 반역자는 자신과 동일한 신을 섬기는 사람들까지 잔인하게 살해해 버렸던 것이다.

다음 마을에서도 상황은 같았다. 술탄에게 충성하는 경비대가 머무르던 작은 요새도 마찬가지였다. 어디를 가도 시체가 꿰어진 장대의 숲을 만날 수 있었다. 그때부터 병사들 사이에 불안과 공포가 싹트기 시작했다. 그제야 유수프도 술탄이 십만을 훌쩍 넘는 병력을 소집한 이유를 깨달았다. 왈라키아 대공은 불쌍한 사내도 무모한 반역자도 아니었다. 오히려 그들이 지금껏 상대해 본 가운데서도 최악의 적일 가능성이 컸다.

아니나 다를까 왈라키아 대공을 찾아 진군할수록 더 골치 아픈 문제들이 발생했다. 술탄이 이끄는 대규모 병력이 무턱대고 진군할 수는 없어서 미리 소규모 정찰대를 파견했는데 그때마다 어김없이 왈라키아 대공의 기병이 나타나서 그들을 공격했다. 정찰대는 한 명도 살아 돌아오지 못했고 '장대에 꿰인 시체'로 발견되기도 했다. 정찰대를 보내면 왈라키아 대공이 나타나 기습하고 정작 술탄이 이끄는 본대가 도착했을 때 시체가 꿰인 장대 숲만 남아 있는 일이 반복되는 식이었다. 급기야 병사들 사이에서 왈라키아 대공은 인간이 아니라는 소문이 돌기 시작했다. 진짜 왈라키아 대공은 이미 지옥으로 사라졌는데 왈라키아 대공의 모습을 한 악마가 시체를 장대에 꿰는 것이란 말도 나왔고, 왈라키아 대공이 악마에게 영혼을 팔아 흑마술을 사용한다는 얘기도 있었다. 심지어 병사들 사이에 태양이 사라지면 왈라키아 대공은 인간이 죽일 수 없는 존재가 된다는 말까지 떠돌았다. 많은 병사들이 밤을 무서워했다. 어둠 속에서는 무적이나 다름없는 왈라키아 대공이 술탄의 목을 가지러 온다는 소문 때문이었다.

물론 유수프는 그런 말을 믿지 않았다. 그런 소문은 애송이들이

나 믿는 것이었다. 다만 왈라키아 대공이 두렵기는 했다. 그런 무시무시한 소문을 만들 목적으로 일부러 소름끼칠 만큼 잔인한 행동을 한다는 생각이 들었기 때문이다. 신성로마제국의 황제나 헝가리 왕도 군대와 군대가 맞붙는 전투로는 술탄을 이기지 못했으니 왈라키아 대공도 정상적인 방법으로는 술탄을 이길 수 없었다. 왈라키아 대공으로선 자신이 선택할 수 있는 최선의 방법을 따랐고 아주 훌륭하게 해냈다. 확실히 두려운 상대였다. 총을 손질하던 유수프의 생각이 거기까지 미쳤을 때 갑자기 바깥이 소란스러웠다. 말울음과 말발굽 소리, 비명과 욕설, 화약이 폭발하는 소리가 연이어 들려왔다.

'기습이다!'

누가 기습했고 목적이 무엇인지는 명확했다. 술탄의 병사들 사이에서 왈라키아 대공은 악마고 어둠 속에서는 무적이라서 인간이 죽일 수 없다는 소문이 정점에 도달했을 때 마침내 최종 목표를 이루기 위해 그가 나선 것이다. 전장에서는 술탄의 군대를 물리치기가 불가능하니 야간을 틈탄 기습으로 술탄의 목을 노리는 것은 당연했다. 유수프는 손질하던 총을 내려놓고 검을 챙겼다. 총이 아무리 무시무시해도 야간 기습 같은 혼란스런 상황에서는 통하지 않기 때문이었다. 칼끼 빠으고 빈은 유수프의 눈앞에 시속이 펼쳐지고 있었다.

왈라키아 대공의 기병들이 술탄의 진영을 짓밟고 있는데도 술탄의 병사들은 허둥지둥할 뿐 제대로 반격하지 못했다. 왈라키아 대공이 그때까지 병사들의 마음에 심어둔 '어둠 속에서는 쓰러뜨릴 수 없는 악마'라는 생각이 효과를 발휘했다. 그러나 주변을 살피던 유수프는 가만히 안도의 숨을 내쉬었다. 왈라키아 대공의 기병들이 집중적으로 공격하는 곳은 술탄의 천막이 아니었기 때문이다. 왈라키아 대공의 준비는 완벽했을지 모르지만 단 하나, 술탄의 숙영지를 정확히 알아내지는 못했던 것이다. 이제 곧 동이 터올 테니 아무래도 왈라키아 대공의 이번 기습은 실패로 끝날 가능성이 컸다.

4

왈라키아는 오늘날의 루마니아 지역을 말한다. 루마니아가 속한 발칸반도는 20세기에도 '유럽의 화약고'라 불리는 분쟁 지역이지만 과거에도 그랬다. 중세 초기에는 신성로마제국과 동로마제국, 그러니까 가톨릭 세력과 정교회 세력이 부딪혔고 중세 후기에서 르네상스 시대까지는 신성로마제국과 오스만튀르크제국이 부딪혔다. 18세기부터 1차 대전까지는 오스트리아-헝가리제국과 러시아제국이 부딪혔다. 앞에서 살펴본 것처럼 왈라키아 대공 블라드 3세가 오스만튀르크제국 술탄 메흐메트 2세를 기습한 1462년은 신성로마제국 황제와 헝가리 왕을 중심으로 한 가톨릭 세력과 오스만튀르크제국을 중심으로 한 이슬람 세력 간의 다툼이 점차 치열해지는 시기였다. 1453년 콘스탄티노플을 점령하고 동로마제국을 무너뜨린 메흐메트 2세는 이슬람 세계 최고의 지도자인 '칼리프'와 로마제국의 후계자인 '카이사르'라는 칭호를 동시에 쓴 야심가였다. 그는 발칸반도뿐만 아니라 이탈리아까지 차지하겠다는 꿈에 부풀어 있었다.

그런 상황에서 왈라키아 대공에 오른 블라드 3세는 독특한 인물이었다. 그의 아버지이며 선대 왈라키아 대공인 블라드 2세는 '신성로마제국의 황제를 도와 이슬람 세력을 물리친다'는 목적으로 결성된 드라곤 기사단Order of the Dragon의 핵심 인물이면서도 한편으론 대공 자리를 유지하기 위해 오스만튀르크제국의 술탄에게도 도움을 받았다. 술탄은 도움을 주는 조건으로 대공의 아들들을 포로로 요구했다. 앞에서 살펴본 왈라키아 대공인 블라드 3세 역시 블라드 2세가 오스만튀르크 술탄에게 포로로 보낸 아들 가운데 한 명이었다.

블라드 2세가 사망하고 나서 아들인 블라드 3세가 왈라키아 대공을 승계하는 과정은 아주 복잡했다. 동로마제국의 몰락이 본격화하는 13세기부터 오스만튀르크 술탄의 군대가 비엔나의 성문 앞에서 치열했고 지켜되는 1683년까지, 발칸반도의 역사는 아주복잡하다. 기본적으로는 가톨릭, 정교회, 이슬람으로 나뉘어 대립했지만 눈앞의 조그마한 이익을 위해서는 다른 종교 세력과도 손을 잡고 같은 종교 세력을 공격하는 사례도 빈번했다. 블라드 3세도 마찬가지였다. 왈라키아 대공에 오르기 위해 술탄에게 충성을 맹세하고 헝가리 왕과 싸우다가도 다음에는 술탄을 배신하고 헝가리 왕에게 붙었고, 이슬람 세력과 맞서 싸우기에 앞서 주변의 고만고만한 가톨릭 군주들과 싸울 때도 많았다.

블라드 3세는 근본적으로 이슬람을 싫어했고 특히 술탄 메흐메트 2세를 아주 미워했다. 블라드 3세는 다분히 즉흥적으로 메흐메트 2세가 보낸 사절을 잔인한 방식(전설에 따르면 술탄의 사절이 블라드 3세 앞에서 터번을 벗지 않으려고 하자 영원히 터번을 벗지 못하도록 사절의 머리에 커다란 못을 박아 터번을 고정했다고 한다)으로 처형하고 다뉴브강을 넘어 술탄의 영토를 약탈했다. 블라드 3세가 메흐메트 2세를 미워한 것과 마찬가지로 메흐메트 2세도 블라드 3세를 경멸했다. 술탄이 십만이 훌쩍 넘는 병력을 동원해서 응징에 나섰던 것도 그 때문이다.

그 전쟁의 승패는 예측이 어렵지 않았다. 조그마한 왈라키아가 거대한 오스만튀르크제국에 맞서려고 한 것부터가 무모한 결정이었지만 블라드 3세는 냉혹하면서도 유능했다. 술탄의 군대가 쓸 만한 자원을 얻지 못하도록 초토화시키면서 게릴라전을 펼쳤다. 잘 훈련된 기병을 중심으로 신출귀몰하며 오스만튀르크군을 기습해서 포로를 잡으면 예외 없이 끝을 날카롭게 깎은 장대에 산 채로 꿰어 죽였다. 블라드 3세는 예전부터 자신의 정적을 그런 식으로 처형하는 것으로 악명을 날렸던 터라, 이내 술탄의 병사들 사이에 '인간이 아니라 악마'라는 소문이 퍼졌다. 아버지와 마찬가지로 드라곤 기사단원이라서 '드라큘'이라는 별명까지 붙었다. 다만 기습을 통해 메흐메트 2세를 살해하려던 계획은 어이없게도 메흐메트 2세의 천막을 찾아내지 못하는 바람에 실패하고 말았고 블라드 3세는 전쟁과 휴전, 추방과 복위를 반복하다가 결국 전사했다.

정적과 포로를 끝을 날카롭게 깎은 장대에 꿰어 처형한 블라드 3세의 잔인함은 온갖 전설을 만들어냈다. 왈라키아를 비롯해서 루마니아인에게도 냉혹하고 잔인한 인물이었지만 외세의 침략에 맞서 싸운 위대한 영웅이기도 했다. 같은 가톨릭 세력인 독일에서조차 평판이 아주 나빴으니 오스만튀르크제국에서는 더 말할 필요도 없었다. 특히 드라곤 기사단원이라서 악마(서구 사회에서 용-dragon은 악마의 상징이다)와 쉽게 연결되었고 '피를 탐하는 사악한 존재'로 비난받았다.

1897년 무명 소설가였던 브람 스토커는 블라드 3세 이야기에서 영감을 얻어 너무나도 유명한 '드라큘라 백작'을 창조했다. 그리고는 20세기 후반에 이르러 좀비와 함께 상업영화에 가장 빈번히 등장하는 '죽지 않는 괴물'이 되었다. 그런데 드라큘라와 좀비는 죽음을 초월한 존재라는 한 가지 공통점 말고는 아주 대조적이다.

드라큘라는 사악하지만 이성적이며 아름답다. 애초에 귀족이었으며 '죽음을 초월한 존재'가 된 후에도 상류층의 취향을 버리지 않는다. 단순히 부유한 귀족이 아니라 잘 교육받고 세련된 매너를 갖추었으며 예술적 안목도 높다. 실질적으로는 '피를 탐하는 연쇄 살인마'에 불과한데도 교묘하고 세련된 방법으로 자신을 합리화하고, 무고한 희생자의 경정맥에 날카로운 송곳니를 박아 넣어 생명을 앗아가는 지독한 순간에도 대단히 우아하다.

반면에 좀비는 두렵고 끔찍하지만 사악하다고 말하기는 어렵다. 드라큘라는 피에 대한 욕망에 삼켜진 순간에도 '생각하는 힘'을 잃지 않지만 좀비는 아예 그런 힘조차 없다. 드라큘라는 대단히 개성적이며 인격적인 존재지만 좀비는 살아 있는 인간의 살을 물어뜯으려는 본능 외에는 아무것도 남아 있지 않은 존재다. 드라큘라는 궤변으로 희생자를 조롱하고 정신적으로도 파괴하지만 좀비는 아예 대화 자체가 가능하지 않다. 드라큘라가 세련된 옷을 입고 아름답게 등장하는 반면 좀비는 찢어지고 더러워진 옷을 입고 징그러운 모습으로 등장한다.

다른 면에서 보면 드라큘라는 자본주의 사회의 사악한 독점 자본가를 상징한다. 세련되고 아름다우며 정중하지만 그 어떤 존재보다 사악하고 위협적이다. 반면에 좀비는 산업사회에서 스스로 판단할 힘을 잃은 하층민을 상징한다. 정의와 불의, 선과 악을 판단할 힘을 상실한 상태로 생존에 대한 기본적인 욕망밖에는 남아 있지 않은 폭도에 불과하다. 좀비는 추악하고 두렵지만 사악하게 느껴지지는 않는다.

한편, 드라큘라를 죽이기 위해서는 많은 준비가 필요하다. 태양이 뜬 후에 관으로 돌아가지 못하도록 방해하거나 십자가로 몰아세운 다음 심장에 나무 말뚝을 박아야 하는 일들 말이다. 드라큘라의 초능력을 생각하면 그런 일은 거의 불가능에 가깝다. 반면에 좀비는 어렵지 않게 제거할 수 있다. 총을 쏘든, 야구방망이로 때리든 뇌만 파괴하면 그만이다. 좀비가 떼 지어 다니는 경우를 제외하면 몇 명쯤 처리하는 것은 비교적 수월하다.

이런 드라큘라와 좀비의 차이는 근본적으로 피와 침의 차이에서 비롯된다. 피는 아주 매혹적인 물질이다. 피가 인체에서 어떤 일을 담당하는지 정확하게 알지 못했던 고대인들도 피를 소중하게 생각했다. 고대 사회에서 흔했던 인신공양도 피와 그 피를 뿜어내는 심장을 바치는 것이 핵심이었다. 잉카에서도 태양신에게 살아 있는 인간의 심장과 피를 바쳤으며 오늘날에도 사냥꾼들은 자신이 사냥한 동물의 심장을 먹곤 한다. 피의 상징과 연결된 드라큘라는 사악하지만 어렵집고 매혹적이며 이성적인 것에 반해 침의 상징인 좀비는 절대 매력적이지 않다. 입가에 몇 방울의 피가 맺힌 채 사악하게 미소 짓는 드라큘라는 매혹적이지만 침을 질질 흘리면서 울부짖는 좀비는 추악하고 징그럽다. 침도 피와 마찬가지로 인체에서 없어서는 안 될 중요한 역할을 담당한다는 것을 생각하면 침을 너무 깔보는 것 같지만 침은 생명과 직결되지는 않는다. 피가 고결한 생명을 의미하지만 침은 더럽다거나 심지어 모욕적인 의미를 띠기도 한다.

정말 침과 피는 좀비와 드라큘라, 노예 출신 부두교 사제인 두티 부크만과 왈라키아 대공 블라드 3세처럼 서로 무척이나 대조적이고도 이질적이다.

재증걸루와
침 뱉기 세 번

1

날이 밝자 한성의 참혹한 모습이 드러났다. 지난 며칠 동안 성을 에워싸고 불화살을 퍼붓고 투석기로 큼지막한 돌을 날린 결과로 사방이 불타고 무너져서 궁궐에서부터 민가에 이르기까지 멀쩡한 건물을 찾아보기 어려웠다. 아직도 정리하지 못한 불이 곳곳에서 피어오르고 있었다. 성을 지키던 백제군들은 대부분 죽었거나 도망쳤다. 고구려군은 살아 있는 부상자를 발견하면 망설이지 않고 숨통을 끊었다. 사지가 멀쩡하다면 모를까 부상자는 포로로 잡아 둘 가치도 없었기 때문이다. 드디어 병사들에게 약탈을 허용하는 명령이 내려졌다. 적국의 성을 함락하면 특별한 몇몇 사례를 제외하고는 약탈이 허락되었다. 그런 명령이 성을 완전히 파괴할 때까지 며칠씩이나 허용될 때도 있었지만, 이번에는 해질녘까지만 시간이 주어졌다. 병사들의 걸음이 빨라졌다. 목숨을 걸고 전투를 치르고 성을 함락했으니 전리품을 챙기는 건 당연했다.

더구나 한성은 백제의 수도가 아니었나. 선왕 시절 신라를 약탈한 적이 있지만 신라는 백제와는 비교할 수 없을 만큼 촌스럽고 가난했다. 그러니 병사들은 더욱 서둘렀다. 병사들이 사사로이 궁궐과 관청을 약탈할 수는 없으니 어떡하든 발 빠르게 민가를 덮쳐야 했기 때문이다. 문을 부수고 도자기를 깨트리는 소리, '살려 달라'는 비명 섞인 울음이 귓가에 울렸고 매캐한 연기 냄새와 구역질

나는 피비린내가 코를 찔렀다. 그러나 재중걸루는 얼굴 한 번 찌푸리지 않았다. 그렇다고 슬프거나 착잡한 표정도 아니었다. 승리를 거두고 의기양양해 하는 기쁨도 찾아볼 수 없었다. 말 위에서 시큰둥한 표정으로 주위를 둘러볼 뿐이었다. 말이 걸음을 내디딜 때마다 전해지는 흔들거림에 몸을 맡기고 있는 그의 시큰둥한 표정은 아무런 변화가 없었다.

"살려주세요! 살려주세요. 장군님, 제발 살려주세요!"

그때 근처 민가에서 뛰쳐나온 젊은 여인이 재중걸루의 말 앞에서 쓰러졌다. 머리는 헝클어지고 흙먼지가 묻은 옷은 여기저기 찢어졌으며 두들겨 맞았는지 왼쪽 입술이 터져 있었지만 그런 상태로도 무척 아름다웠다. 옷차림으로 보아 가난한 평민은 아니었는데 아마도 병사들의 거친 손길을 피해 도망쳐 나온 것 같았다. 아니나다를까 여인이 뛰쳐나왔던 민가에서 병사 서넛이 뒤따라 나왔다. 당연히 고구려 군이었고 한 명은 하급 군관이었다.

"이 남부여년이 아직도 정신을 못 차렸군."

멧돼지 털 같은 거친 수염을 기른 체격이 건장한 하급 군관이 억센 고구려 억양으로 지껄였다. 그러면서 재중걸루의 말 앞에 쓰러진 여인에게 다가가 주먹으로 얼굴을 내리쳤다. 주먹 한 번에 여인은 반쯤 기절한 듯 축 늘어졌고 군관은 여인의 긴 머리카락을 움켜쥐고 민가 쪽으로 걸음을 옮겼다. 낮은 신음을 토해내는 여인이 끌려가는 자리를 따라 흙먼지가 일어났다. 그 순간 재증걸루가 등에 둘러맨 화살통에서 화살을 뽑아 익숙한 동작으로 왼손에 쥔 활에 먹인 다음 시위를 당겼다. 시위를 떠난 화살은 눈 깜짝할 사이에 하급 군관의 목에 가서 박혔다. 하급 군관이 털썩 무릎을 꿇고 내려 앉았다가 앞으로 푹 엎어졌다. 화살이 목에 박혀서 비명조차 지르지 못했다.

"이게 무슨 짓입니까! 아무리 장군이라도 이유 없이 병사를 죽일 수는 없습니다!"

하급 군관 무리들이 항의했다. 재증걸루가 고구려 토박이였다면 감히 대들 생각도 못했으리라. 재증걸루가 아무리 장군이라고 해도 그들에게는 '백제놈' 또는 '남부여 잡종'에 불과했다. 병사들은 성을 함락한 후에 이어지는 약탈과 강간은 자기들의 당연한 권리인데 당신 따위가 무슨 이유로 하급 군관을 죽였냐고 항의했던 것이다.

"여자가 부정하다."

재증걸루는 여전히 시큰둥한 표정으로 말했다. 병사들은 어리둥절했다. 여자가 부정하다니? 무슨 말인가?

"여자가 달거리를 하고 있다. 그것도 모르겠느냐? 피 냄새가 나지 않느냐!"

병사들은 재증걸루의 말을 이해할 수 없었다. 달거리라니? 물론 달거리하는 여자는 부정하다. 그런 부정한 여자와 관계하는 것은 아주 불길하다. 왕도 전투를 앞두고는 그런 여인을 가까이하지 않는다. 하지만 병사들은 항변하듯 말했다.

"무슨 말입니까? 이 여자가 달거리를 하고 있다니요? 장군께서 그걸 어찌 아십니까?"

병사들은 재중걸루의 말이 억지라고 생각했다. 달거리라니 가당치도 않다. 재중걸루가 귀신같은 활 솜씨를 지닌 훌륭한 용사라는 것은 틀림없는 사실이지만 그렇다고 말 위에서 힐끗 본 여인의 달거리까지 꿰뚫어볼 수 있단 말인가? 그때 재중걸루의 입가에 옅은 미소가 떠올랐다. 차라리 시큰둥한 표정이 나왔을 법한 섬뜩한 미소였다.

"이것들이 떼를 지어 군령을 어기려 하는구나. 달거리하는 여인을 범하여 군대 전체에 액운을 가져올 작정이 아닌가!"

그제야 병사들은 심각한 위기에 몰렸음을 깨달았지만 이미 때가 늦었다. 재중걸루가 화살을 집어 드나 싶더니 벌써 병사들이 쓰러졌다. 정말 귀신같은 솜씨였다. 순식간에 병사 넷이 목에 화살을 맞은 시체가 되어 뒹굴었다.

"달거리하는 여인이다. 죽으면 군대에 액운이 닥친다. 아직 남부여주도 믿지 못하시 않았느냐. 여인을 잘 돌봐 주거라."

재중걸루는 부하들에게 말했다. 그리고 보면 그가 '달거리'를 구실삼아 여인의 목숨을 구한 것이 처음은 아니었다.

2

선봉장으로 고구려 군을 이끌고 백제의 수도인 한성을 함락했지만 재증걸루는 고구려 토박이가 아니었다. 딱 한 마디만 들어도 재증걸루의 말투가 고구려 토박이와는 다르다는 것을 알아차릴 수 있었다. 재증걸루는 원래 남부여주, 그러니까 개로왕을 섬기던 백제의 신하였다. 아버지도 그랬고 할아버지도 그랬다. 대대로 남부여주인 백제왕을 섬기는 가문이었다. 특히 재증걸루의 활 솜씨는 어릴 적부터 유명했다. 그냥 가만히 서서도 잘 쏘았지만 말에 오르면 더욱 뛰어났다. 화살만 충분하다면 말 위에서 백 명이라도 상대할 수 있었다. 당연히 개로왕은 그를 아꼈다. 특히 자꾸만 남하해 오는 고구려를 무찌르고 삼국을 통일하겠다는 꿈을 가지고 있던 개로왕으로선 그런 재증걸루를 더욱 총애할 수밖에 없었다. 재증걸루는 활 솜씨만 빼어난 것이 아니라 병사도 잘 부렸기 때문이다. 살갑게 알랑거리는 말을 늘어놓지는 못했지만 한눈에도 재증걸루는 누구보다 믿음직했다. 언젠가는 재증걸루가 백제의 깃발을 들고 고구려 군을 무찌르리라 기대했다. 재증걸루 역시 자신을 총애하는 개로왕에게 충성을 다했다.

그런데 천지신명은 짓궂었다. 마치 어리석은 인간의 희망을 망처 버리기로 작정한 듯했다. 재중걸루의 부장인 도미가 아름다운 아내를 얻은 것이 문제의 발단이었다. 처음에는 아무도 문제를 깨닫지 못했다. 다들 아름다운 아내를 얻은 도미를 부러워했고 몇몇은 질투도 했지만 그게 전부였다. 재중걸루가 대대로 남부여주를 섬긴 것처럼 도미 역시 대대로 재중걸루의 집안을 섬겨온 가신이어서 재중걸루는 진심으로 축하해 주었다. 그런데 몇 달 후 남부여주인 개로왕이 재중걸루와 함께 사냥에 나섰다가 예상하지 못한 문제가 생겼다. 재중걸루의 부장이자 가신인 도미도 사냥 길에 따라나서서 개로왕을 수행했는데 돌아오는 길에 개로왕이 남편을 마중 나온 도미의 아내를 보았던 것이다. 개로왕은 야심만만한 꿈에 걸맞은 재능을 지닌 군주였지만 바둑과 여자라면 사족을 못 썼다. 개로왕은 그 자리에서 재중걸루와 도미를 불러 '저 아름다운 여인을 궁으로 들게 하라'고 명령했다. 옹졸하고 비열한 사내였다면 왕의 그런 요청을 출세의 수단으로 삼을 수도 있었겠지만 강직한 도미는 거절했다. 재중걸루 역시 '민심이 흉흉해질 수 있다'며 완곡히 만류하는 바람에 그날은 개로왕도 물러설 수밖에 없었다.

개로왕은 집요했다. 도미가 재중걸루의 부장만 아니었다면 아주 쉽게 도미의 아내를 빼앗았을 것이다. 하지만 천하의 개로왕도 재중걸루와 같은 유력한 신하의 뜻을 대놓고 묵살할 수는 없었다. 개로왕은 꾀를 내어 재중걸루에게 귀족을 단속하고 백성을 돌보는 임무를 맡겨서 남쪽으로 보냈다. 그런 다음 도미를 '고구려 첩자'로 몰아세우면서 아내를 바치면 죄를 용서하겠다고 회유했다. 하지만 도미는 완강했다. 화가 치민 개로왕은 도미의 두 눈을 뽑고 조각배에 태워서 내쫓아 버렸다. 멀쩡한 사람도 조각배로는 거친 바다를 이길 수 없는데 눈이 먼 도미가 살아남을 리 없었다.

공교롭게도 그 무렵 재증걸루가 임무를 마치고 한성으로 돌아왔다. 난데없는 일이 벌어졌다는 소식을 뒤늦게 전해 들은 재증걸루는 분노했다. 그러나 아무리 재증걸루라도 그런 일로 개로왕에게 맞설 수는 없었다. 재증걸루는 홀로 남은 도미의 아내에게 몰래 찾아가서 말했다.

"남부여주가 분명히 너와 동침하려 할 것이다. 그러거든 아직 달거리가 끝나지 않아 부정한 몸이라고 말해라. 달거리가 끝나면 목욕을 정결하게 하고 왕을 모시겠다고 말이다. 그러면 내가 그 사이에 너를 고구려로 보내 주마."

단순했지만 효과적인 속임수였다. 달거리가 끝나지 않아 부정한 몸이니 그 후에 정갈한 몸으로 왕을 모시겠다는 말에 천하에 왕인들 반박할 수 있었겠나. 그렇다고 도미의 아내가 정말 달거리를 하는지 직접 확인할 수도 없는 노릇이었을 테니. 그렇게 시간을 번 재증걸루는 도미의 아내를 데리고 급히 고구려로 도망쳤다. 백제왕이 총애하는 장군이며 화살 하나로 호랑이를 잡는 용사를 고구려가 환영하지 않을 이유가 없었다. 그때부터 재증걸루의 목표는 개로왕을 죽여 도미의 원한을 갚는 것이었다.

재증걸루가 옛일을 떠올리며 병사들의 손아귀에서 구한 여인을 잘 돌보라고 지시했을 때 거친 말발굽 소리와 함께 전령이 다가왔다.

"장군님, 남부여주를 생포했습니다!"

지난밤 어둠을 틈타 백성을 버리고 성을 몰래 빠져나간 개로왕이 추격대에 붙잡힌 것이었다. 재증걸루는 아무 말 없이 힘껏 말을 달리기 시작했다.

3

남부여주의 행색은 볼품이 없었다. 고구려 군이 포위한 한성에서 들키지 않고 빠져나가려고 왕의 갑옷을 벗고 하급 군관의 갑옷으로 갈아입어서 그런지 더 추레해 보였다. 왕은 비렁뱅이의 넝마를 걸쳐도 기품이 뿜어 나오는 법이거늘 개로왕에게는 그런 기운조차 없었다. 그저 탐욕 가득한 주름진 얼굴의 늙은이에 지나지 않았다. 그래도 왕의 위엄을 지키기 위해 자세만큼은 꼿꼿했다. 병사들 역시 다치지 않게 사로잡으라는 명령을 받들어 그런 개로왕을 지켜보고만 있었다. 말에서 내린 재증걸루가 개로왕 앞으로 다가갔다.

"나를 알아보겠소?"

재증걸루는 여전히 시큰둥한 표정으로 물었다. 개로왕은 경멸과 분노가 가득한 얼굴로 대답했다.

"네 놈은 더러운 반역자 재증걸루가 아니냐! 나라를 팔아먹고 고구려 놈들의 술과 고기를 먹으니 좋더냐!"

'나라를 팔아먹었다고?' 재증걸루는 피식 웃음을 터트렸다. '틀린 말은 아니지.' 그러더니 대뜸 무릎을 꿇고 개로왕에게 큰절을 올렸다. 느닷없는 재증걸루의 행동에 병사들은 물론이고 개로왕도 깜짝 놀랐다. 절을 마친 재증걸루는 다시 시큰둥한 표정으로 말했다.

"한때나마 임금으로 모셨고 나도 남부여인이니 예의를 갖추었을 뿐이오."

재증걸루는 병사들을 둘러보며 싸늘하게 밀했다.

"예의는 이것으로 끝났다. 무엇 하고 있느냐? 죄인 남부여주가 감히 고구려 장군에게 허리를 꼿꼿이 들고 있는데 너희는 어느 나라 병사냐?"

찔끔한 병사들이 곤봉으로 개로왕의 허벅지를 내리쳤다. 뼈가 부서지는 소리와 함께 개로왕이 비명을 질렀다. 그렇게 주저앉은 개로왕에게 재증걸루가 퉤, 침을 뱉었다.

"이것은 도미의 몫이오."

침이 개로왕의 뺨을 타고 흘러내렸다. 재증걸루는 다시 침을 뱉고 말했다.

"이것은 도미의 아내가 주는 것이요."

이번에는 침이 개로왕의 눈에 맞았다. 고통 때문인지 아니면 모욕을 느껴서인지 개로왕은 벌벌 떨었다. 재증걸루는 아랑곳하지 않고 다시 퉷, 침을 뱉었다.

"그리고 이것은 나 재증걸루가 주는 선물이외다!"

세 번째 침은 정확히 개로왕의 이마 한가운데 맞았다. 재증걸루는 도로 시큰둥한 표정을 지으며 병사들에게 말했다.

"이놈은 한성에서 죽을 자격도 없다. 아차산으로 끌고 가서 목을 베거라!"

재증걸루의 명령에 병사들은 허벅지가 부러진 개로왕을 질질 끌면서 사라졌다. 개로왕의 얼굴에는 척척한 재증걸루의 침이 흘러내렸다.

볼거리, 백신 그리고
핍박받는 선지자

1

나무를 통째로 깎아 만든 문은 화려한 장식이 없어도 고급스러웠다. 합판이나 나뭇조각을 덧대어 만든 문이 아니어서 문을 잡아당길 때부터 묵직함이 느껴졌고 그것만으로도 마음이 차분히 가라앉는 것 같았다. 문을 열고 들어가면 가장 먼저 정면에 자리 잡은 커다란 나무십자가가 눈에 띄었다. 커다란 나무십자가 뒤에 있는 멋진 스테인드글라스 창이 성스럽고 엄숙한 분위기를 자아냈고, 나무십자가 아래 성직자가 설교할 때 쓰는 나무 강대상이 있었다. 스테인드글라스와 나무십자가는 있는데 성화와 성물이 없는 것으로 미루어보아 이 건물은 개신교 예배당이 틀림없었다. 이삼백 명을 수용할 수 있을 만큼 넓었고 이미 절반쯤은 사람들로 가득했다. 대부분 백인이었고 흑인은 극히 드물었다. 의외로 이삼십 내 젊은 사람들도 적지 않았다. 일요일 예배 때처럼 정장을 차려 입지는 않았지만 남루하게 입은 사람은 없었다. 대부분은 고등교육을 받았고 나름대로 자랑할 만한 직업이 있는 중산층이었다. 일요일 예배는 아니었지만 누군가를 기다리는 것 같았고 약간의 긴장과 설렘이 느껴졌다.

이윽고 나무문이 열리면서 한 무리의 사람들이 들어왔다. '브이아이피VIP'를 경호하는 건장한 남자 서넛이었다. 작지 않은 키와 보통 체격의 브이아이피는 50대 후반 또는 60대 초반의 백인 사내였는데 비교적 짧은 머리카락에 가르마를 타서 오른쪽으로 깔끔하게 빗어 넘긴 상태였다. 사내는 자신이 성직자라고 밝혔어도 이상하지 않았겠지만 그보다는 교수나 의사에 더 어울렸다. 예상대로 사내가 나무 강대상 가까이로 가자 의자에 앉아 있던 비슷한 연배의 남자가 일어나서 악수를 나누고는 사람들에게 그를 소개했다. '앤드루 웨이크필드Andrew Wakefiled 박사를 모시게 되어 영광입니다.' 소개 자체는 그다지 특별하지 않았다. 런던의 명문 의대를 졸업했고 적지 않은 의학적 업적을 남겼으며 환자에게 헌신하는 의사이고 신실한 기독교인이라는, 교회에서 자신의 신앙적 깨달음을 간증하거나 일반인들에게 가벼운 의학 상식을 강의할 때 나오기 마련인 소개였다. 소개가 끝나자 짧은 박수가 이어졌고 '앤드루 웨이크필드 박사'라는 그날의 주인공이 강대상에 설 때까지도 교회에서 열리는 평범한 건강 강좌와 다를 것이 없었다.

그러나 웨이크필드 박사가 입을 여는 순간 상황은 달라졌다. 런던의 명문 의대를 졸업한 의사답게 멋진 영국 발음과 그에 어울리는 바리톤의 목소리로 그는 차분하고 단호한 표정을 지으며 말했다.

"여러분, 정의로운 행동에는 대가가 따르기 마련입니다. 용감한 사람만 목소리를 높일 수 있습니다. 오늘 이야기할 주제도 마찬가지입니다. 오래전부터 많은 의사들이 예방접종의 문제를 알았습니다. 예방접종이 얼마나 치명적인 부작용을 만드는지, 그런 부작용으로 얼마나 많은 아이들이 위험에 빠지고 영구적인 장애를 입어 많은 부모들이 고통받고 있는지 알고 있습니다. 그러나 누구도 공개적으로 예방접종의 부작용을 얘기하거나 강제적인 예방접종 정책에 반대를 표시하지 않습니다. 왜 그럴까요? 이유는 간단합니다. 용기가 없기 때문입니다. 또 예방접종으로 막대한 이익을 누리는 거대 기업과 그 기업을 옹호하는 정부는 예방접종의 부작용을 공개적으로 얘기하는 사람을 가만두지 않습니다. 거대 기업과 정부는 모든 수단과 방법을 동원해 그 사람의 모든 것을 빼앗아 버립니다. 지위, 경력, 재산, 평판, 직업, 하나도 남기지 않고 빼앗아 철저하게 파괴합니다. 다시는 아무도 예방접종의 부작용을 얘기할 수 없도록 그들은 아주 철저하게 움직입니다. 거짓말이라구요? 과장이라구요? 그렇다면 저에게 일어난 일을 보시면 됩니다. 거대 기업과 정부가 하나님 앞에서 양심을 지키려는 의사에게 어떤 짓을 했는지 말입니다. 그러나 그들은 뜻을 이루지 못했습니다. 왜냐하면 저는 침묵하지 않으니까요. 오늘 여러분 앞에 선 것도 그들의 모든 악랄한 핍박에도 불구하고 예방접종이 지닌 심각한 부작용을 알려드리기 위해서입니다."

사람들은 고개를 끄덕였다. 몇몇은 진지하게 공감하는 표정으로 소리 없이 '아멘'이란 입 모양을 지었다.

2

침샘salivary gland은 문자 그대로 침을 만드는 곳이다. 침이 필요한 장소가 구강oral cavity, 그러니까 '입안'이다 보니 침샘도 그 주변에 자리하고 있다. 양쪽 귀 앞에 2개의 귀밑샘parotid gland, 양쪽 턱 아래 2개의 턱밑샘submandibular gland, 혀 아래쪽 가운데에 1개의 혀밑샘sublingual gland까지 인체에는 5개의 큰 침샘이 존재한다.

인체의 다른 기관과 마찬가지로 침샘에도 이런저런 질환이 생길 수 있다. 그런 여러 질환 가운데 아마도 볼거리Mumps가 가장 낯익은 병명일 것이다.

볼거리는 파라믹소바이러스paramyxovirus가 일으키는 감염성 질환으로 5개의 침샘 가운데 주로 귀밑샘에 나타나는 염증이다. 감염된 사람의 침이나 호흡기 분비물이 포함된 비말droplet을 통해 전파되며 일단 감염되면 평균적으로 16~18일의 잠복기를 거쳐 증상이 나타난다. 처음 3~4일 동안은 미열과 근육통, 메스꺼움, 두통 등이 나타난 다음 본격적으로 양쪽 또는 한쪽 귀밑샘이 부어오른다. 드물게는 턱밑샘이나 혀밑샘이 부어오를 때도 있고 턱뼈가 만져지지 않을 만큼 귀밑샘이 심하게 부어오르기도 한다.

대표적인 소아 전염병으로 대부분은 증상에 대한 치료만으로도 회복이 되지만 사춘기 후에 감염되면 남자의 경우 매우 고환에도 문제를 일으켜 고환의 크기가 작아질 수도 있다. 불임이 생기지는 않지만 생식 능력이 저하될 수는 있다. 종종 후유증으로 청력 이상이 나타나고 드물게는 뇌수막염meningitis과 뇌염encephalitis 같은 심각한 중추신경계 합병증이 동반되기도 한다. 실제로 예방접종이 없었던 시절에는 중추신경계 합병증으로 사망하는 사례가 지금보다 빈번했고 청력장애를 갖게 되는 경우는 그보다 더 흔했다. '어릴 때 열병을 앓고 귀머거리가 되었다'는 얘기 가운데 상당수는 볼거리가 원인이었을 것이다.

1970~1980년대를 기점으로 볼거리 예방접종이 일반화되면서 그런 문제는 거의 자취를 감추었다. 볼거리 예방접종의 대부분은 단일 접종이 아니라 홍역Measles, 풍진Rubella과 함께 시행하는 혼합 접종이다. 각 질병의 영어 알파벳 첫 글자를 따서 'MMR 백신'이라 불리는데 비슷한 방식으로 이름 지어진 'DTP 백신(디프테리아, 파상풍, 백일해)'과 함께 대표적인 필수 예방접종이다.

그런데 많은 국가에서 오랫동안 큰 문제없이 시행하던 MMR 백신이 돌연 소용돌이에 휘말렸다. 1998년 영국의 유명한 의학 저널인 '란셋Lancet'에 실린 논문 한 편 때문이었다. 이 논문은 오래전부터 많은 연구자들이 매달린 '자폐증autism의 원인은 무엇인가?'란 물음을 다룬 것인데, 누구도 예상치 못한 결론으로 이어졌다. 논문에서는 '자폐성 위장염autistic enterocolitis'이란 새로운 의학용어를 내세우며 'MMR 백신의 부작용으로 발생하는 위장염이 자폐증의 원인'이라고 주장했다. 앤드루 웨이크필드는 그 논문의 제1저자였다.

3

정확히 '자폐 범주성 장애Autism Spectrum Disorder, ASD'라 불리는 질환은 실제로 명확하게 규정된 것이 아니다. 완전히 규명된 하나의 질환이라기보다는 비슷한 특징을 지닌 다양한 질환을 하나로 묶은 것에 가까워서 인구 대비 유병률도 조금씩 다르다. 100명 당 2~3명의 환자가 발생한다는 주장이 있을 만큼 드물지 않은 질환이다. 거의 정상인처럼 보이면서 특정 영역에서는 오히려 탁월함을 나타내는 아스퍼거 증후군에서부터 평균보다 두드러지게 지능이 낮고 기초적인 사회적 기능조차 하기 힘든 사례까지, 같은 자폐 범주성 장애라고 생각하지 못할 만큼 임상 양상이 다양하다. 자폐증autism이란 단어의 뜻처럼 타인이나 주변 환경과 공감하지 못하고 자신만의 세계에 갇히는 경향은 공통적으로 나타난다.

선천적인 질환으로 추정하지만 아주 심한 경우가 아니면 출생 직후에 곧바로 알아차리기는 어렵다. 만으로 한두 살이 될 때까지 말을 제대로 배우지 못한다거나 발달이 뚜렷하게 더디다거나 생후 5~6개월이 지나도록 타인과 눈을 마주치지 않는다거나 여느 아기들처럼 방긋빙긋 웃는 표정노 싯지 않아서 부모가 가장 먼저 알아차리는 사례가 많다. 같은 자폐 범주성 장애라도 임상 양상은 매우 다양하다. 아스퍼거 증후군처럼 원만한 대인 관계를 맺을 수는 없어도 일상생활에는 별다른 지장이 없는 사례도 있지만, 대부분은 타인과 감정 교류가 불가능하고 기본적인 의사소통마저 원활하지 않아서 가족, 특히 부모에게 심각한 고통을 안겨준다.

자폐 범주성 장애의 원인을 찾으려는 시도는 오래전부터 있어 왔다. 원인을 찾아야만 예방과 치료가 가능하기 때문이다. 처음에는 자폐 범주성 장애를 기질적 문제organic lesion, 신체에 물리적으로 실재하는 문제가 아닌 심리적 문제라고 생각해서 20세기 중반까지만 해도 이른바 '냉장고 엄마refrigerator mother 이론'이 널리 퍼져 있었다. 냉장고 엄마 이론이란, 냉장고처럼 냉담한 어머니 아래 자란 아이는 정상적인 정서 발달에 필요한 사랑과 따뜻한 관심을 받지 못해서 자신만의 세계에 갇힌다는 주장이다. 언뜻 생각하면 고개가 끄덕여질 만큼 그럴듯하지만 자폐 범주성 장애의 책임을 부모, 특히 어머니에게 전가한다는 점에서 최악의 가설이다. 실제로 냉장고 엄마 이론 때문에 많은 어머니들이 자책하고 타인의 비난에 시달리며 그 때문에 심지어 자살하는 사례까지 나타났다. 다행히 자폐 범주성 장애가 심리적 문제가 아니라 기질적 문제일 가능성이 크다는 주장이 제기되면서 냉장고 엄마 이론은 폐기되었지만 아직도 원인을 명확하게 밝혀내지는 못했다. 당연히 예방법이나 효과적인 치료법도 없는 상태다.

이런 상황이었으니 앤드루 웨이크필드가 1998년에 발표한 논문은 큰 관심을 받을 수밖에 없었다. 이전에도 '자폐 범주성 장애의 원인을 찾았다'는 주장은 드물지 않았지만 앤드류 웨이크필드는 의사 집안 출신으로 런던의 명문 의대를 졸업했고 논문을 발표한 의학저널도 개발도상국의 어느 이름 없는 잡지가 아닌 뉴잉글랜드 의학저널NEJM, New England Journal of medicine(영국이 아니라 미국 저널이다)과 함께 세계적인 권위를 인정받는 '란셋Lancet'이었기 때문이다.

촉망받는 소화기내과 의사였던 웨이크필드는 이전에도 홍역이 크론병Crohn's disease의 원인이란 가설을 주장했지만 입증하지는 못했던 전력이 있다. 그런데 1998년에는 'MMR 백신으로 인한 장염이 자폐 범주성 장애의 원인'이라고 주장하면서 과학적 근거까지 제시했나. 란셋 같은 권위 있는 저널에 실릴 만큼 웨이크필드가 제시한 과학적 근거는 완벽했다. 덕분에 혹시 내 잘못이 아닐까 하면서 알 수 없는 자책감에 시달리던 많은 부모들이 위로받았고 자연스레 MMR 백신을 만든 회사와 대규모 강제 접종을 진행한 정부에게로 비난의 화살이 쏟아졌다.

문제는 웨이크필드가 1998년 발표한 논문에서 제시한 실험을 다른 연구자들은 재현해 낼 수 없었다는 것이다. 통상적으로 실험을 통해 제시한 새로운 과학적 발견은 다른 연구자들도 같은 과정을 거치면 같은 결과를 얻을 수 있어야 한다. 만약 같은 과정을 거쳤는데도 다른 연구자가 같은 결과를 얻지 못하면 새로운 과학적 발견은 '검증할 수 없는 발견'으로 간주되어 폐기된다. 그러니 웨이크필드의 발견은 논란거리가 될 수밖에 없었다. 웨이크필드는 동료 의사들이 백신을 제조하는 거대 기업의 압력 때문에 자신의 실험을 재현해내지 못하는 것이라는 주장을 폈다. 여기까지는 그래도 심각한 문제가 아니었다. 실제로 적지 않은 과학적 발견이 다른 연구자의 실험에서는 재현되지 않아 '검증할 수 없는 발견'으로 사라지곤 하기 때문이다. 하나의 새로운 과학적 발견을 얻기 위해서는 그런 '검증할 수 없는 발견'이 수없이 많이 필요한 것도 사실이다. 웨이크필드가 그만한 일로 연구자로서 비난받을 문제는 아니었다.

하지만 웨이크필드의 논문은 지나치리만큼 완벽했다. 그럼에도 불구하고 다른 연구자들은 아무리 노력해도 그가 논문에서 제시한 과학적 증거를 실험에서 재현할 수 없었다. 급기야 몇몇 사람들이 의문을 품기 시작했는데 탐사보도 전문기자인 브라이언 디어Brian Deer도 그 가운데 한 사람이었다. 브라이언 디어는 이미 논문 위조를 비롯해 제약 산업 관련 사건을 취재하여 몇 차례 특종을 기록한 베테랑 기자였다. 디어는 웨이크필드가 단순한 실수가 아니라 의도적으로 실험 결과를 조작했을 거라고 의심했다. 그 무렵에는 이미 그가 '거대 기업에 맞서 백신의 위험성을 알리는 정의로운 영웅'으로 자리매김하고 있었기 때문에 그를 조사하는 일은 순탄치 않았다. 부정적인 여론에도 불구하고 디어는 포기하지 않고 조사를 계속했고 10년 넘도록 갖은 노력을 기울인 끝에 웨이크필드가 논문에서 실험 결과를 조작했다는 사실을 밝혀냈다.

결국 란셋은 2010년 공식적으로 웨이크필드의 1998년 논문을 취소했다. 뿐만 아니라 웨이크필드는 실험을 조작하고 비윤리적인 행동을 했다는 이유로 영국에서 의사 자격을 박탈당했다. 웨이크필드는 순순히 그러한 처벌에 따를 마음이 없었다. 브라이언 디어를 비롯한 여러 사람들의 노력이 무색하게도 웨이크필드는 미국으로 건너가서 백신 반대론자들과 합류했고 상황은 한층 더 심각해졌다.

4

백신(예방접종)은 항생제와 함께 현대의학의 가장 눈부신 성과다. 소아마비, 홍역, 볼거리, 풍진, 백일해, 파상풍, 디프테리아, 일본 뇌염, 황열병, 장티푸스, 콜레라, 인플루엔자 같은 질병은 20세기 초반까지만 해도 공포의 대상이었고 많은 사람들이 목숨을 잃거나 영구적인 장애로 고통받았다. 그러나 백신이 나오고 나서 상당수의 질병이 자취를 감추었고 나머지도 그 위세가 한풀 꺾였다.

그런데 일반적인 믿음과는 달리 백신을 접종해도 모든 사람에게 면역이 생기는 것은 아니다. 10명에게 접종해서 10명 모두 항체가 만들어지는 백신은 존재하지 않는다. 10명에게 접종했을 때 8~9명에게 항체가 만들어져서 면역이 생기는 정도라면 대단히 우수한 백신이다. 실제로 10명에게 접종해서 4~5명만 면역이 생기는 백신도 있다. 그럼에도 불구하고 대규모 예방접종이 실제로 큰 성과를 거두는 이유는 이른바 '집단면역Herd immunity' 때문이다.

일반적으로 대규모 예방접종을 시행하는 질병은 대부분 전염병이다. 또 감기와 말라리아처럼 같은 사람이 반복적으로 감염되는 질환이 아니라 한 번 앓고 나서 회복한 사람은 다시는 걸리지 않는다. 그런 전염병이 유행하려면 많은 수의 '면역 없는 사람'이 필요하다. 특정 집단에서 '면역 있는 사람'의 비율이 높아지면 전염병은 유행하기 어렵다. 운 좋게 한두 사람이 걸려도 그들이 만나는 사람들 대부분이 면역 있는 사람일 가능성이 커서 유행을 오래 이어갈 '연결고리'가 좀처럼 만들어지지 않기 때문이다.

예방접종이 없던 시절에도 전염병은 주기적으로 유행했다. 전염병이 크게 유행하면 많은 사망자가 생기지만 살아남은 사람들은 이미 면역을 획득했으니 그 집단에서 면역 있는 사람의 비율이 높아진다. 그러면 전염병이 감염의 연결고리를 만들지 못해서 한동안 자취를 감춘다. 시간이 흘러 면역 있는 사람 가운데 상당수가 사망하고 전염병의 유행 이후에 태어난 '면역 없는 사람'의 수가 많아지면 감염의 연결고리를 만들 수 있게 되어 다시 전염병이 유행하게 된다.

집단면역은 이렇게 특정 개인이 아니라 집단 전체가 지니는 면역으로, 실질적으로 전염병의 유행을 좌우한다. 예방접종이 없던 시절에도 한 차례 전염병 유행이 끝나면 일정 기간 동안은 집단면역이 만들어진다. 그런데 예방접종은 '전염병의 유행 없이'도 그런 집단면역을 만들 수 있는 방법이다. 다만 집단 전체에 시행해야 효과를 볼 수 있다. 만약 특정 집단에서 예방접종을 고의로 회피하거나 거부하는 사람의 비율이 높아지면 나머지 사람들에게 아무리 엄격하게 예방접종을 해도 전염병의 유행은 피하기 어렵다. 이런 이유로 영국에서 의사 면허를 박탈당한 웨이크필드가 미국으로 건너가서 백신 반대론자들과 합류한 것은 심각한 사건이 아닐 수 없었다.

5

미국은 독특한 국가다. 오늘날에는 '왕이 존재하지 않는 공화국'과 민주주의가 보편적이지만 18세기 말에는 그 두 요소를 모두 갖춘 국가라고는 미국밖에 없었다. 중세와 르네상스 시대에도 이탈리아의 도시국가들 가운데 공화국이 적지 않았지만 그들은 민주주의기 아니라 과두세였다. 어쨌거나 공화국과 민주주의라는 미국 고유의 특징은 긍정적인 영향만이 아니라 부정적인 영향도 남겼다.

미국인은 '시민이 봉기하여 폭군이 다스리는 제국을 몰아내고 세운 자유로운 나라'라는 자부심을 느끼는 동시에 '폭군이 다스리는 제국'에 대한 편집증적 공포를 가지고 있다. 조지 워싱턴이 초대 대통령으로 취임했을 때부터 오늘날까지도 연방정부를 믿지 않고 언젠가는 대통령이 폭군이 되어 군림할 것이라는 확고부동한 신념을 가지고 있는 집단이 존재한다. 심지어 그들은 언젠가 다가올 연방정부와의 대결에 대비하기 위해 민병대를 조직하기도 한다. 민병대를 조직해서 '그날'을 대비하는 군사적 과격파 말고도 보다 온건하고 평화적인(?) 방법으로 연방정부에 저항하는 부류가 있다. 바로 백신 반대론자들이다.

그들은 대규모 예방접종에 '연방정부의 불온한 의도'가 숨어 있다고 믿는다. 백신은 실제로 효과가 거의 없고 치명적인 부작용만 있을 뿐인데 예방접종을 통해 큰 이익을 남기는 거대 기업이 정부와 공모해서 진실을 은폐한다는 것이다. 정치적으로는 연방반대론자, 종교적으로는 '창조과학' 같은 유사과학을 신봉하는 근본주의 기독교도, 인종적으로는 백인들이 그런 부류에 해당한다.

전문가의 입장에서 백신 반대론자의 논리를 보면, 보고 싶은 것만 보고 듣고 싶은 것만 듣는 확증 편향에 가깝다. 창조과학 지지자들이 대부분의 과학적 발견과 증거는 외면하면서 자기네 입맛에 맞는 극소수의 사례만을 인용해 자기들의 주장을 합리화하는 것과 마찬가지다. 백신 반대론자들도 백신의 부작용처럼 자기네가 원하는 사례는 과장하고 백신의 효과는 애써 외면한다. 예를 들어 항생제가 드물게 아나필락시스anaphylaxis 같은 심각한 부작용을 일으켜 사망자가 발생하지만 항생제가 존재하지 않던 시절에는 나뭇가지에 찔리는 사소한 상처조차 심각한 감염으로 악화되는 사례가 흔했고, 그런 감염의 위험 때문에 받아야 하는 외과 수술은 '대부분이 사망하는 무시무시한 치료'였다. 항생제를 사용해서 얻는 이익이 항생제 때문에 생기는 위험보다 훨씬 큰데도 '항생제를 싫어하는 확증 편향'에 빠져서 이익은 부정하고 위험만 강조하는 것이다.

예방접종도 마찬가지다. 예를 들어 소아마비poliomyelitis 백신이 없던 시절에는 소아만이 아니라 성인도 해당 바이러스에 감염되어 죽거나 영구적인 장애를 얻었다. 그런 질병은 가난한 사람들만 덮친 것이 아니었다. 뉴욕의 특권 계급에 속했고 훗날 대통령에 당선된 프랭클린 루스벨트도 소아마비로 인한 하반신 마비였다. 청나라에서는 천연두를 앓아 얼굴에 '마마 자국'이 남아 있는 황자에게 황위 계승의 우선권을 주기도 했다.

두 번째 이야기에서 살펴본 황열병은 파나마운하 건설에 나선 프랑스 회사를 파산시켰고 미국의 시도마저 좌절시킬 뻔했지만 오늘날 우리는 더 이상 소아마비, 천연두, 황열병을 무서워하지 않는다. 심지어 천연두는 사실상 박멸되었다. 이 모두가 예방접종이 만든 기적인데도 백신 반대론자들은 모든 사실을 애써 부정한다.

미국의 백신 반대론자들에게는 앤드루 웨이크필드가 영웅이요 '핍박받는 선지자'다. 그들은 웨이크필드가 실험 결과를 조작하고 논문을 날조했다는 사실을 부정한다. 다른 연구자들은 모두 거대 기업의 꼭두각시에 불과해서 웨이크필드의 실험을 재현하지 못하는 것일 뿐 웨이크필드가 실험 결과를 조작하고 논문을 날조했다는 것도 정부와 거대 기업이 씌운 누명이라고 믿는다. 그들은 웨이크필드의 범행을 밝혀낸 브라이언 디어를 거대 기업에 매수당한 쓰레기 기자라고 주장한다. 그러면서도 브라이언 디어가 주로 거대 기업의 비리와 실험 조작을 고발하는 기사를 써 온 기자라는 점은 모른 척한다.

이런 미국의 백신 반대론자들 덕분에 웨이크필드는 의사 면허를 박탈당하고도 여전히 안락한 삶을 누린다. 의사의 삶뿐만 아니라 학자의 생명이 끝났는데도 웨이크필드는 여전히 백신 반대론자들 사이에서 영웅이자 위대한 스승이다. 게다가 지금도 버젓이 백신 반대론자들과 함께 MMR 백신 반대 운동을 열정적으로 펼치고 있다. 웨이크필드가 그럴 수 있는 배경에는 트럼프 대통령이 백신 반대론에 온정적 관점을 가지고 있다는 점을 생각해 볼 수 있다. 트럼프의 핵심 지지층에 백신 반대론자들이 많다는 것을 감안하면 터무니없는 억측만은 아닐 것이다.

정부가 우리 아이에게 독극물이나 다름없는 백신을 강요할 수 없다는 그들의 주장은 집단면역의 관점에서 보면 아주 위험한 발상이다. 전체 집단에서 10퍼센트만 예방접종을 하지 않아도 집단면역은 무너진다. 과거와 달리 오늘날의 의학 기술로는 볼거리, 홍역, 풍진 같은 질환을 어렵지 않게 치료할 수 있지만 면역억제제를 복용하는 장기이식 환자나 백혈병 환자, 항암 치료 중인 암환자에게는 볼거리, 홍역, 풍진 모두 아주 치명적이다. 그런 환자들은 면역이 억제된 상태라서 이전의 예방접종이 효과를 발휘하지 못하는데다 새로 예방접종을 할 수도 없다. 오로지 집단면역에 기댈 수밖에 없다는 말이다. 그런데 백신 반대론자들 때문에 예방접종을 하지 않은 사람의 비율이 늘어나서 집단면역이 붕괴된다면 죽음이 그들 코앞까지 다가온 것이나 다름없다.

덧붙이자면, 홍역은 독특한 특징 때문에 건강한 사람만이 아니라 백신 반대론자들에게도 위험하다. 백신 반대론자들은 건강한 사람은 예방접종을 하지 않아도 해당 질병을 앓고 나면 자연스레 면역을 획득한다고 주장하며 '수두 파티' 같은 행사를 벌이기도 한다. 하지만 홍역은 때때로 걸린 사람의 모든 면역을 지워 버린다. 예방접종을 통해 얻은 면역이든, 백신 반대론자들의 주장처럼 해당 질병을 앓고 나서 자연스레 얻은 면역이든 관계없이 종종 환자가 이전에 얻었던 모든 면역을 초기화시켜 버린다. 건강한 10대 후반의 환자가 홍역에 걸렸다가 회복했는데 이제껏 얻은 모든 면역이 지워졌다면 그것보다 끔찍한 상황은 없을 것이다. 소아마비, 일본 뇌염, 다양한 종류의 인플루엔자, 수두, B형 감염에 대한 모든 면역이 10대 후반에 모조리 사라졌다면 사형선고나 잔인한 고문 판결과 조금도 다를 게 없다. 오늘날 미국에서 백신 반대론자들의 목소리가 조금씩 커지면서 실제로 집단면역에 균열이 생겼고 그 결과로 기억 속으로 사라졌던 홍역 유행이 돌아왔다.

이런 사정을 생각하면 2020년 상반기를 뒤흔드는 코비드19코로나바이러스감염증, COVID; Corona virus disease-19 대유행pandemic은 꽤나 암울하다. 코비드19 대유행을 극복하려고 많은 국가와 기업에서 효과적인 백신을 개발하기 위해 전력투구하고 있고 다행히 효과적인 백신을 개발하게 된다면 코비드19 대유행을 근본적으로 해결할 수는 있을 것이다. 하지만 지금까지의 백신 개발 과정과 달리 적지 않은 단계를 건너뛰고 있어서 백신 개발에 성공하더라도 안정성에 문제가 있을 가능성이 다분하다.

실제로 1976년 돼지독감swine influenza 유행에 대응하기 위해 성급히 만들어진 백신이 다른 인플루엔자 백신에 비해 길랑바레 증후군Guillain Barre syndrome, 인체의 면역이 자신의 신경계를 공격해서 나타나는 질환(초기부터 신속하게 치료하면 회복할 수 있지만 치명적인 사례도 적지 않다)이 지나치게 많이 발생했다. 만약 코비드19 대유행을 종결하기 위해 신속하게, 다른 면에서 보면 성급하게 만든 백신에서 1976년 돼지독감 백신처럼 치명적인 부작용이 빈번히 보고된다면 백신 반대론자들은 절대 그 기회를 놓치지 않을 것이다. 더욱더 의기양양하게 백신의 위험성을 얘기하면서 대규모 예방접종을 반대할 것이고 그들의 그런 행동은 기어이 인류에게 또 다른 끔찍한 재앙을 불러올지도 모른다.

어느 과학자의
실험

1

아직 태양이 떠오르지 않은 으스름한 새벽에도 '차르Czar의 도시'는 웅장한 모습을 드러냈다. 불과 200년 전만 해도 모기떼와 파리떼가 득실거리던 늪지대였던 땅에 유럽의 모든 군주가 탐내는 크고 화려한 왕궁과 발트해 최강의 함대가 정박한 항구, 귀족과 관리 같은 상류층들이 사는 우아한 거주지와 거대한 도시를 지탱하고 있는 노동자들이 살아가는 불결하고 시끄럽고 무질서한 빈민가가 들어섰다.

어떻게 보면 도시 자체가 기적이었다. 전능하신 하나님만 그런 기적을 이룰 수 있으니 도시 건설은 틀림없이 '하나님의 뜻'이었다. 그러니 차르는 하나님의 진정한 대리인이 분명했다. 전능하신 하나님께서 콘스탄티누스 대제를 황제로 세워 당신의 백성을 보호하고 다스리라고 명령하셨고 콘스탄티누스 대제의 뒤를 이은 콘스탄티노플의 군주가 오랫동안 그 임무를 수행했다. 그러나 1453년에 사악한 이교도가 콘스탄티노플을 점령하고 하나님의 집인 성소피아 성당을 우상 숭배의 장소로 바꾸어 버렸다. '하나님의 백성'은 아버지를 잃은 아이처럼 사악한 술탄의 칼과 채찍 아래 신음했다. 그들의 신음을 들으신 하나님께서는 새로운 대리인을 보냈다. 십자가를 앞세운 그의 군대 앞에서 사악한 이교도는 물러갈 수밖에 없었고 하나님의 백성은 평안을 찾았다.

어디 콘스탄티노플을 불법으로 점령한 사악한 술탄뿐이었겠는가? 겁도 없이 '하나님의 땅'에 쳐들어온 땅딸막한 프랑스인은 어땠나? 나머지 유럽을 죄다 점령하고 자신의 형제와 부하에게 왕과 대공의 칭호를 남발했던 자칭 '황제(불경하게도 그는 스스로 황제의 관을 자신의 머리에 씌웠다)'의 종말은 어땠나? 그는 의기양양하게 하나님의 백성을 다스리는 '하나님의 대리인'에게 전쟁을 선포하고 진군해 왔지만 그의 군대는 결국 굶주리고 헐벗은 거지꼴로 돌아가지 않았는가.

　하나님의 백성에게 하나님의 대리인, 그러니까 차르는 자랑거리였으며 끝없이 존경하고 사랑할 대상이었다. 백성이 아이라면 차르는 아버지다. 아버지에게는 아이를 먹이고 입히고 재우며 모든 위험으로부터 보호할 책임이 있고 아이에게는 그런 아버지에게 절대복종할 의무가 있다. 아버지가 아이에게 항상 웃는 얼굴로 부드럽게 대할 수만은 없다. 무서운 얼굴로 화를 낼 때도 있고 때로는 거친 손으로 볼기짝을 내리칠 수도 있지만 그것은 모두 아이를 사랑해서 바르게 인도하려는 훈육일 뿐이다. 그런 훈육을 견디지 못해 아버지에게 덤비는 아이는 배은망덕한 자식일 뿐 좋은 아이가 아니다. 아버지가 자식의 처지를 모를 때도 있지만 그럴 때에도 아이는 맞서 대들거나 막무가내로 울음을 터트려선 안 된다. 대신 아버지에게 자신의 처지를 차근차근 알려야 한다. 그래야 착한 아이다.

일요일 동틀 무렵부터 상트페테르부르크의 주요 광장에 몰려들기 시작한 군중들 모두 그런 생각을 가지고 있었다. 대부분 도시에서 일하는 노동자였고, 극소수의 농민과 정교회 사제복을 입은 몇 사람도 섞여 있었다. 일반적인 시위는 아니었고 혁명은 더더욱 아니었다. '백성의 아버지'인 차르에게 공손하게 청원하는 것이 목적이라서 여자와 아이들도 많았다. 시위나 혁명이 아니라 청원이 목적인만큼 무기는 없었다. 대신 그들 손에는 십자가와 차르의 대형 초상화가 들려 있었다. 사내 몇몇이 권총과 단검을 숨겨 왔지만 이내 한 '젊은 사제'에게 빼앗겼다. 사내들은 그런 흉기를 숨겨올 법한 거친 인상이었지만 젊은 사제에게 꼼짝도 하지 못했다. 차라리 야단맞는 학생들처럼 애처롭기까지 했다. 권총과 단검을 압수한 젊은 사제가 아무래도 그날의 청원을 조직한 사람인 듯했다. 30내 초반, 아무리 많아 봐야 마흔이 안 된 것 같은 그 사제는 보통 체격이었지만 쌍꺼풀 있는 부리부리한 눈매, 적당히 튀어나온 광대, 날카로운 콧날과 정교회 사제답게 수염과 머리카락을 길게 기른 모습에서 대단한 카리스마가 뿜어져 나왔다.

해가 떠오르자 얼어붙은 겨울 공기가 조금이나마 누그러졌고 광장은 어느새 모여든 군중들로 가득했다. 적어도 수만 명은 모였으리라. 그들은 신의 대리인이자 백성의 아버지인 차르에게 청원하기 위해 겨울궁전으로 걸음을 옮겼다. 그러나 어디에도 무질서는 없었다. 그들은 십자가와 차르의 대형 초상화를 앞세웠고 〈하나님, 차르를 지키소서〉라는 장엄한 성가를 불렀으며 검은 정복을 입은 사제들도 함께했다. 물론 선두에서 대열을 이끈 사람은 그 젊은 사제였다.

겨울궁전으로 다가갈수록 더 많은 사람들이 합류해서 대열은 더 커졌다. 〈하나님, 차르를 지키소서〉란 성가의 소리도 더욱 장엄해졌다. 예배 같은 분위기였고 아직 차르의 대답은 듣지 못했지만 벌써부터 감격스레 눈물을 흘리는 사람도 있었다. 선두에서 대열을 이끄는 젊은 사제의 표정은 엄숙했지만 어느 때보다도 당당하고 자신감이 넘쳤다. 그날의 청원으로 자신의 이름이 역사에 깊이 남으리란 것을 직감한 듯했다.

그런데 막상 겨울궁전에 다다르자 공기의 흐름이 묘해졌다. 그들이 겨울궁전 앞에서 한참 동안이나 〈하나님, 차르를 지키소서〉라는 성가를 부르고 사제가 선창하는 기도문을 따라했는데도 겨울궁전에서는 아무런 반응이 없었다. 당연히 고귀한 차르께서 직접 모습을 드러내지는 않겠지만 장관과 시종조차 나타나지 않는 것은 좀 이상했다. 그저 겨울궁전을 지키는 황실 근위대와 코삭 기병만이 멀뚱하게 군중을 바라보고 있을 뿐이었다. 시간이 갈수록 묘한 긴장이 감돌았지만 불길한 상상을 떠올리는 사람은 없었다. 단지 차르께서 이런저런 고민을 하느라 조금 늦게 답을 주는 것이라고 여겼을 뿐이다.

그때 둔탁한 폭음이 울렸다. 연기가 피어오르고 매캐한 화약 냄새가 퍼졌다. 처음에는 다들 정확히 무슨 일이 일어났는지 알아차리지 못했다. 맨 앞에 있던 사람들이 벼락에 맞은 것처럼 쓰러졌지만 그 주변에 있던 사람들이 현실이라고 느끼는 데까지는 조금 시간이 걸렸다. 모든 것이 현실 같지 않게 느리게 보였다가 진동하는 피비린내에 번쩍 정신이 들었다. 그러자 기다란 기병도를 손에 들고 돌격해오는 코삭 기병이 보였다. 커다란 털모자 아래 드러난 코삭 기병의 얼굴이 너무 무표정해서 한층 더 잔인해 보였다. 그제서야 현실을 인식한 사람들이 도망치려고 돌아섰지만 몸을 채 돌리기도 전에 코삭 기병들이 덮쳤다. 기병도를 휘두를 때마다 사람들이 쓰러져 나갔다. 비명을 지르며 죽자 사자 달음질친 사람들도 미처 코삭 기병의 칼과 말발굽을 피하지는 못했다. 사람들만이 아니라 그들이 들고 있던 십자가와 차르의 대형 초상화도 바닥에 내버려진 채 짓밟혔다.

1905년 1월 22일 일요일, 30대의 젊은 나이에도 불구하고 강력한 카리스마를 뿜어내던 게오르기 가폰Georgy Apollonovich Gapon의 지도 아래 수만 명의 노동자가 상트페테르부르크에 모였다. 백성의 아버지인 차르에게 공손히 청원하는 것이 그들의 목표였다. 요구 조건 역시 온건했다. 합당한 임금, 과도한 노동 시간의 단축이 청원의 핵심 내용이었다. 가난한 노동자와 농민의 삶을 한층 피폐하게 만드는 러일전쟁을 종결하자는 주장도 포함되어 있었지만 이미 패색이 짙은 전쟁이었으니 무리한 요구도 아니었다. 수만 명이 넘는 군중이 모였으면서도 청원이란 형식을 선택했고 요구 조건도 온건했던 것은 모두 지도자 가폰 때문이었다.

'가폰 신부'로 알려진 게오르기 가폰은 러시아 정교회 사제 출신으로, 로마노프 왕조 말기 러시아의 여러 인물들처럼 명확한 실체를 알 수 없는 존재다. 표면적으로는 노동자-농민 운동을 이끄는 온건파 지도자였지만 훗날 밝혀진 사실에 따르면 비밀경찰의 정보원이었을 가능성도 있었다. 당시에 볼셰비키와 사회혁명당에서는 그를 '차르의 앞잡이'라고 비난했다. 가폰 신부의 진짜 목적이 무엇이었는지는 오늘날까지도 정확히 알아내지 못했다. 다만 1905년에는 카렌스키, 레닌, 트로츠키 같은 부류보다 훨씬 영향력 있고 높은 인기를 누렸던 인물이었던 것만은 분명하다.

그런 데는 수백 년 동안 러시아 민중 사이에 이어져온 '차르 신앙'도 한몫했다. 하나님이 차르를 선택해서 당신의 백성을 돌볼 대리인으로 삼았고 차르는 아버지고 백성은 아이여서 아버지가 아이의 고통에 귀 기울이듯 차르도 백성의 고통을 외면하지 않는다는 것이 차르 신앙의 핵심이었다. 차르가 사악한 부하들 때문에 백성의 고통을 모를 수도 있으니 차르에게 사실을 알려야 한다는 것이 당시 노동자와 농민 대부분이 가졌던 생각이다. 가폰 신부의 주장이 먹혀들 수밖에 없었다. 게다가 가폰 신부는 선동가와 조직가로서도 탁월했다. 아마도 1905년 1월 22일 당시에는 가폰 신부도 자신이 이끄는 청원이 받아들여질 것이며 러시아의 다른 영웅들과 함께 자신의 이름이 역사에 길이 남을 것이라고 생각했을 것이다. 가폰 신부는 불필요한 충돌을 막기 위해 미리 차르의 장관들에게 1월 22일의 행사 계획을 알렸다. 그런 행동이 마냥 황당무계했던 것만은 아니었다. 지난 수백 년 동안 차르는 그런 종류의 청원에 관대하고 온정적이었기 때문이다.

그러나 가폰 신부의 기대는 완전히 빗나갔다. 차르 니콜라이 2세는 평범한 남편이자 아버지로서는 선량했지만 통치자로서는 무능하고 무책임했다는 평가에 걸맞게 하루 전에 이미 겨울궁전을 떠났다. 단순히 자리를 비운 것만이 아니라 1월 22일의 청원 행진을 알면서도 어떻게 대처하라는 뚜렷한 명령조차 남기지 않았다. 통치자로 내내 그래왔듯 니콜라이 2세는 우유부단했다. 겨울궁전을 경비하던 황실 근위대와 코삭 기병이 청원을 위해 모인 군중들을 잔인하게 짓밟은 만행은 당연히 예견된 재앙이었다.

이로써 백성의 청원에 관대하고 온정적이었던 이전의 전통은 무참히 깨졌다. 많은 사람들이 목숨을 잃었고 간신히 살아남은 가폰 신부도 외국으로 도망쳐야 했으며 무엇보다 차르에 대한 백성의 기대는 완전히 사라졌다. 그날의 사건은 '피의 일요일'이란 이름을 얻었고 가폰 신부는 자신이 원했던 것과는 전혀 다른 의미로 역사에 이름을 남겼다.

2

피의 일요일 사건이 발생하기 몇 년 전 상트페테르부르크의 의학연구소에서는 기괴한 장면이 펼쳐진다. 어두컴컴한 방에는 커다란 나무 구조물이 있다. 약간 거리를 두고 세워진 두 기둥과 기둥 위쪽을 연결하는 막대로 구성된 틀에는 개 한 마리가 팔다리뿐만 아니라 몸통까지 질긴 가죽 끈으로 고정되어 있다. 개를 자세히 살펴보면 입 주변에 외과 수술을 한 것 같은 흉터가 있고 거기엔 액체를 모으는 관이 꽂혀 있어 한층 더 소름 끼친다. 그때 날카로운 금속성의 소리가 들린다. 그러자 개가 헉헉거리기 시작한다. 주변이 밝아지고 적당히 넓은 이마와 멋진 수염을 자랑하는 중년 사내가 들어온다. 그는 개의 입 주변에 꽂힌 관에 연결된 유리 용기를 들어서 흘러나온 액체의 양을 확인한다. 자세히 보면 그렇게 묶여 있는 개가 한두 마리가 아니다. 방 안에는 수십 마리나 되는 개가 비슷한 나무 구조물에 묶여 있다. 중년 사내는 천천히 다른 개들을 돌아보면서 흘러나온 액체의 양을 일일이 확인한다.

중년 사내의 이름은 이반 파블로프였다. 이제 쉰에 접어든 그는 스무 살쯤 어린 가폰 신부와 마찬가지로 정교회 사제로 교육받았다. 아버지 역시 정교회 사제였다는 걸 감안하면 당연했다. 신학보다 과학을 좋아했던 파블로프는 결국 아버지와 절연하고 성직을 포기했다. 파블로프는 의사나 과학자, 아니면 둘 다 되기로 결심했다. 성적은 뛰어났지만 부유한 집안 출신은 아니다 보니 한동안 식민지인 바르샤바나 황무지인 시베리아에 있는 대학에서만 제의가 들어왔다. 그래도 완고하게 버틴 끝에 마침내 상트페테르부르크에 자리한 의학연구소에 들어갈 수 있었다.

파블로프의 연구 주제는 원래 소화기관이었다. 그는 특히 침샘 salivary gland에 관심이 많았다. 파블로프의 성격을 고려하면 인간을 데려다가 하는 생체 실험도 마다하지 않았을 테지만 그 시대에도 파블로프가 원하는 실험을 인간에게 직접 하기는 어려워서 동물 실험을 할 수밖에 없었다. 그런데 거기에는 몇 가지 문제가 있었다. 파블로프는 장기간 이어지는 실험을 하고 싶었는데 쥐는 너무 작고 토끼는 너무 쉽게 죽고 돼지는 반응을 살피기가 어렵고 고양이는 집중을 시킬 수가 없었다. 결국 적당히 크고 잘 죽지도 않고 반응을 관찰하기 쉬우면서도 산만하지 않은 개가 실험동물로 낙점받았다.

앞서 말했듯 파블로프의 원래 계획은 침샘을 비롯한 소화기관의 기능에 관한 연구였다. 그런데 우연히 사육사가 다가오는 소리를 듣고 개가 침을 흘리는 것을 발견하면서 계획을 바꿨다. 침샘의 구조나 기능이 아니라 '어떤 상황에서 개가 침을 흘리는가', '어떻게 하면 개가 침을 흘리도록 만들 수 있나'로 연구의 초점을 옮긴 것이었다. 그렇게 해서 의학만이 아니라 심리학에도 큰 영향을 끼친 유명한 '파블로프의 개 실험'이 시작되었다.

파블로프는 무조건 자극과 무조건 반응, 조건 자극과 조건 반응을 구분해서 실험을 진행했다. 개에게 음식이라는 '무조건 자극'을 주었더니 침을 흘리는 '무조건 반응'을 보였다. 음식을 보면 먹고 소화하기 위해 침을 흘리는 것은 당연했다. 또 개에게 금속성의 소리를 들려주었더니 아무런 반응도 보이지 않았다. 그것도 당연했다. 금속성의 소리는 개의 생존에 별다른 영향이 없는 '중성 자극'이었기 때문이다. 그런데 개에게 음식이라는 무조건 자극을 줄 때마다 중성 자극인 금속성의 소리를 같이 들려주었더니 시간이 지날수록 개는 음식(무조건 자극)과 금속성 소리(중성 자극)를 구분하지 않게 되었다. 나중에는 음식 없이 금속성의 소리만 들려주어도 침을 흘렸다. 이렇게 반복된 학습을 통해 개가 음식이라는 무조건 자극과 동일하게 여기게 된 금속성의 소리는 그때부터 중성 자극이 아니라 '조건 자극'이며, 그런 조건 자극에 대해 개가 침을 흘리는 반응은 무조건 반응이 아닌 '조건 반응'이었다.

요약하면 파블로프는 반복된 경험을 통해서 개가 원래는 음식에만 보였던 반응을 금속성의 소리와 같은 자극에도 보이게 만들 수 있다는 것을 밝혀낸 것이다. 이 연구의 업적으로 파블로프는 1904년 노벨상을 받았다. 그런데도 니콜라이 2세와 그의 장관들은 파블로프의 연구에 그다지 주목하지 않았다. 파블로프의 연구가 지닌 진정한 의미를 미처 알아차리지 못했기 때문이다.

3

니콜라이 2세와 그의 장관들은 아마 파블로프의 실험을 제대로 이해하지 못했을 것이다. 그렇지만 차르는 오랫동안 백성을 파블로프가 개에게 했던 실험과 유사한 방식으로 대해 왔다. 파블로프가 개에게 음식을 줄 때마다 금속성의 소리와 같은 자극을 함께 들려줌으로써 나중에는 금속성의 소리만 들려도 개가 음식을 기대하며 침을 흘리게 만들었던 것처럼, 러시아를 통치한 차르들은 삶에 지친 백성들이 공손히 청원하면 너그럽게 수용해 주곤 했다. 실질적으로는 그다지 나아지는 것이 없었다. 따지고 보면 차르야말로 백성을 착취하고 억누르는 피라미드의 정점에 있는 존재였다. 귀족, 관리, 군인을 통해 삶이 죽음보다 고통스럽게 느껴질 때까지 백성을 착취하고 그것을 견디다 못해 백성이 실낱같은 희망으로 백성의 아버지를 자처하는 차르에게 청원하면 그제서야 너그럽고 인자한 표정으로 받아주곤 했던 것이니까. 그것도 생색내기에 불과해서 실제로는 나아지는 것이 거의 없었지만 그래도 백성들은 감격했다.

그런 청원과 수용이 반복되자 백성들은 차르란 단어를 듣기만 해도 감격했다. 이것이 사실상 20세기까지 로마노프 왕조를 지탱해준 힘이기도 했다. 차르에게 청원하면 관대하게 들어주었다는 경험이 반복되면서 백성들은 차르를 보기만 해도 청원이 받아들여졌을 때와 똑같이 감격했고, 그런 현상은 차르에 대한 종교적 숭배와 믿음으로 이어졌다. 1905년 1월 22일 상트페테르부르크에 모인 군중이 〈하나님, 차르를 지키소서〉라는 성가를 부르며 십자가와 차르의 대형 초상화를 앞세우고 조용히 행진했던 것도 그 때문이었다.

한편 파블로프의 실험에는 '소거'라는 개념도 있다. 경험을 통해 조건 자극이 된 중성 자극도 오랜 시간이 경과하면 다시 중성 자극으로 돌아간다는 뜻이다. 개에게 음식을 줄 때마다 금속성의 소리를 같이 들려주면 나중에는 금속성의 소리만 나도 침을 흘리게 되지만, 너무 자주 금속성의 소리만 들려주고 정작 음식을 주지 않으면 어느 순간부터는 금속성의 자극에도 침을 흘리지 않는 예전 상태로 돌아간다. 그러니 니콜라이 2세는 가끔씩이라도 백성들의 청원을 들어줄 필요가 있었다. 그저 생색내기에 그칠 뿐이었지만 그런 식으로라도 차르에 대한 믿음과 숭배를 강화해야 했다.

그런 면에서 니콜라이 2세는 1905년 1월 22일에 겨울궁전까지 행진한 군중들 앞에 직접 모습을 보이고 백성의 아버지답게 행동하는 감동적인 장면을 연출했어야 했다. 그랬다면 1917년의 혁명은 실패했거나 연기되었을 테고 니콜라이 2세와 그의 가족은 죽음을 피할 수도 있었을 것이다. 그러나 니콜라이 2세는 애매모호한 태도로 상트페테르부르크를 떠나 버렸고 황실 근위대의 총탄과 코삭 기병의 칼날만이 청원에 나선 군중들을 맞이했다. 결국 그 사건을 계기로 황제에 대한 믿음과 숭배는 산산이 부서졌고 민중들의 마음이 가폰 신부와 같은 온건파 대신 사회혁명당과 볼셰비키 같은 무리에게 옮겨간 것이다.

물론 러시아의 통치자가 모두 니콜라이 2세처럼 행동하지는 않았다. 어쨌거나 이반 파블로프는 러시아 혁명 후에도 '위대한 과학자'로 추앙받았고 레닌과 스탈린 모두 아낌없이 그를 지원했다. 게다가 스탈린은 파블로프의 실험 결과를 통치에 적극 활용했다.

4

바람에 날리듯 자연스럽게 흐트러진 머리카락, 동그란 안경테 너머 형형하게 빛나는 눈, 멋진 콧수염과 염소처럼 짧게 기른 턱수염, 굳은 의지와 재기발랄함이 동시에 느껴지는 입술, 옅은 미소를 머금었지만 다음 순간 친근하게 악수를 청할 수도 있고 격정적인 사자후를 토해낼 수도 있을 것 같은 양면성이 느껴지는 표정, 우리가 '혁명가'란 단어를 들었을 때 흔히 떠올리게 되는 외모다. 그런 외모는 할리우드 영화가 만든 것이 아니냐며 반문할 수도 있지만 실제로 영화 '닥터 지바고'에서 여자 주인공의 원래 연인 '혁명가 파샤'가 딱 그런 외모였다. 다만 영화에 나오는 '혁명가 파샤'의 외모는 완전한 허구가 아니라 실제 혁명가의 외모에서 영감을 받은 것이었다. 실제 인물의 외모를 모델로 해서 '파샤'를 연기할 배우를 정한 셈이다. 할리우드 영화에서 '위대한 혁명가의 대명사'로 간주할 만한 외모를 지녔던 사람은 바로 레온 트로츠키였다.

레프 브론슈타인이란 본명보다 가명인 레온 트로츠키로 더 많이 알려진 그의 삶은 영화의 혁명가 파샤보다 훨씬 극적이고 파란만장했다. 트로츠키는 우크라이나 곡창지대에서 자수성가한 부농이었던 아버지 덕분에 유복한 어린 시절을 보냈고 좋은 교육을 받았다. 표트르 대제의 서구화 정책 이후 러시아에는 군인과 과학자를 중심으로 많은 독일계가 이주해 왔지만 독일계가 아니면서도 독일식 성을 사용하는 유대인이 적지 않았다. 유대인이라는 약점에도 불구하고 안락한 기득권의 삶을 누릴 수 있었지만 트로츠키는 '젊은 날의 고민'을 떨치지 못하고 혁명가의 길을 선택했다.

20세기 초 러시아의 여느 혁명가처럼 투옥, 추방 또는 망명, 밀입국 다시 투옥과 추방을 반복했고 1917년에는 레닌과도 협력했지만 원래 레닌의 반대파였다. 레닌과 협력한 후에도 비판적 지지의 관점을 고수했고 이미 신격화된 레닌에 대한 신랄한 비판도 서슴지 않았다. 그럼에도 불구하고 레닌은 트로츠키를 중용할 수밖에 없었다. 트로츠키 없이는 신생 소비에트 연방이 생존할 수 없었기 때문이다.

1917년 두 차례의 혁명으로 레닌이 이끄는 볼셰비키 정부가 수립되었지만 1918년 1차 대전이 끝나고 소비에트 연방이 단독으로 독일과 강화를 맺은 것에 대한 책임을 물어 영국과 프랑스가 주축이 된 '외국 간섭군'이 침입했다. 로마노프 왕조를 지지하는 장군과 귀족, 성직자들도 '백군'을 조직해서 볼셰비키 정부에 대항하면서 5년 넘게 이어진 '적백내전'이 터졌다. 초기에는 볼셰비키 정부의 '적군'이 대단히 불리했다. 노동자와 농민이 주축을 이루고 테러의 경험만 많고 전투 경험은 없었던 혁명가가 지휘하는 적군은 로마노프 왕조에 충성하는 옛 제국의 군인들이 중심인 백군의 적수가 되지 못했다. 그런 상황에서 트로츠키가 '붉은 군대'의 책임자 자리에 올랐다.

트로츠키는 로마노프 왕조 시절에 훈련받았던 장교여도 혁명 정부에 충성을 맹세하면 과감히 기용했고, '노동자와 농민의 이상적 공동체'가 아니라 '적을 살상할 수 있는 전쟁 기계'라는 현실적인 목표를 세웠다. 그 덕분에 적군은 초반의 열세를 만회하며 백군과 외국 간섭군을 물리치고 내전에서 승리를 거머쥐었다. 그로써 '혁명의 고독한 사자Lion'라고 불리며 트로츠키의 인기와 권위는 절정에 이르렀다. 대담하고 냉혹하면서도 다른 한편으로는 따뜻한 휴머니스트였고, 혁명의 원칙과 이상을 포기하지 않으면서도 현실적 판단을 외면하지 않는 트로츠키가 레닌의 뒤를 이어 신생 소비에트 연방의 새로운 통치자가 되리라고 다들 예상했다.

그러나 엉뚱한 인물이 나타나면서 그런 상황이 어긋났다. 혁명의 고독한 사자, 붉은 군대의 아버지로 불리던 트로츠키를 제치고 느닷없이 레닌의 후계자로 떠오른 인물은 이오시프 스탈린이었다. 스탈린은 모든 면에서 트로츠키와는 대척점에 있었다. 우크라이나 부농의 아들로 태어나 좋은 교육을 받은 트로츠키와는 달리 스탈린은 그루지아의 가난한 제화공의 아들로 태어나 정교회 사제로 교육받았다. 1917년 혁명과 이어진 적백내전에서 트로츠키가 붉은 군대를 조직해서 전선을 누비며 활약했다면 스탈린의 역할은 기껏해야 '레닌의 전령' 정도였을 뿐이다.

외모도 서로 완전히 달랐다. 트로츠키는 혁명가의 삶을 시작한 젊은 시절부터 암살로 생을 마감한 노년에 이르기까지 혁명의 고독한 사자, 모든 국가에서 추방당한 위험한 사내, 고난에도 꺾이지 않는 선지자에 어울리는 외모를 유지했으며 누가 봐도 매력적인 미남이었다. 반면에 스탈린의 젊은 시절 사진은 거칠고 가난한 막일꾼을 떠올리게 했고, 권력을 장악한 중년 이후의 사진은 탐욕스럽고 악랄한 독재자의 전형이었다. 암살당하는 순간까지 '매력적인 미남'이었던 트로츠키와는 달리 스탈린은 한 번도 잘 생겼다거나 멋있다는 느낌을 줘 본 적이 없었다. 트로츠키보다 권력에 대한 욕망이 강했고 반사회적 인격 장애라고 진단할 수 있을 만큼 살인 자체를 즐겼다. 대의와 명분, 이상을 어기지 않으려고 노력했던 트로츠키와 달리 스탈린은 권력을 얻기 위해서는 수단과 방법을 가리지 않았고 양심이나 죄책감은 아예 느끼지 못하는 존재였다.

결국 트로츠키는 추방당했고, 스탈린이 레닌의 후계자가 되어 권력을 장악했다. 권력을 거머쥔 스탈린은 '스탈린을 반대하는 모든 사람'이 아니라 '스탈린을 열광적으로 지지하지 않는 모든 사람'을 제거하는 숙청을 시작했다. 심지어 '스탈린 만세'를 외치면서 열광적으로 찬양한 사람조차 스탈린의 편집증적 의심을 자극했다가 처형당했다. 공식적인 통계는 없지만 그렇게 스탈린이 살해한 사람의 숫자는 적어도 백만 이상, 많게는 수백만에 이른다는 것이 정설이다.

그 스탈린이 파블로프를 아주 좋아했다. 레닌도 파블로프를 좋아했지만 단순히 '세계적 업적을 이룬 러시아 과학자'라는 선전이 목적이었다. 반면에 스탈린은 파블로프의 연구를 새로운 '소비에트식 의학'의 기반 사상으로 삼았을 뿐만 아니라 파블로프의 실험이 지닌 가학적 요소 자체를 좋아했다. 수술로 침샘이 입 밖으로

드러난 개를 나무 구조물에 꼼짝할 수 없도록 묶어 놓고 음식과 금속성의 소리를 이용해서 길들이는 방식이 그 의미와는 관계없이 스탈린의 흥미를 자극했을 것이다. 나아가 스탈린은 소비에트의 인민 모두를 '파블로프의 개'처럼 만들고 싶어 했다. 소비에트의 인민을 '개'로, 무시무시한 숙청을 '음식'으로, 트로츠키라는 이름을 '금속성의 소리'로 바꾸어 보면 스탈린이 파블로프의 실험을 좋아했던 이유를 알 수 있다. 스탈린은 그런 식으로 소비에트의 인민들이 트로츠키란 이름은 증오하고 자신에게는 절대적인 충성을 바치도록 만들고 싶어 했다. 다행히 스탈린의 계획이 완전한 성공을 거두지는 못했다. 수백만 명을 살해할 만큼 혹독한 존재였지만 그가 죽고 나서 격하 운동이 벌어졌고 그를 도운 심복들은 대부분 처벌을 받았다.

그런데 오늘날에도 파블로프의 실험을 이용해 군중을 길들이려는 사람들이 적지 않다. 비록 스탈린처럼 가혹한 수단을 함부로 휘두르는 것은 아니어도 개인의 정상적인 판단을 마비시켜서 자기 뜻대로 유도하려고 한다는 면에서는 별반 다르지 않다. 그들이 누구냐고? 너무 멀리서 찾을 필요도 없다. 그저 텔레비전만 켜도 쉽게 만날 수 있으니. 텔레비전에서 쏟아지는 광고의 상당수는 파블로프가 발견한 조건 반사와 무조건 반사의 원리를 이용한 것이다.

침으로는 가능하지 않습니다

1

레지던트 시절 나는 하얀 의사 가운을 입지 않았다. 갓 서른에 접어든 때라 '응급실에서 일하는 우리는 내과나 외과와는 다르다'라는 치기 어린 생각으로 구태여 파란색 근무복을 고집했다. 요즘은 하얀 의사 가운을 고집하지 않는 임상과가 많아졌지만 그 무렵만 해도 그런 차림은 매우 드물었다. 나는 환자와 보호자의 오해와 착각을 불러일으키지 않으려고 청진기를 주머니에 넣지 않고 항상 목에 두르고 다녔다. 그러나 그날만큼은 옷장 구석에서 하얀 의사 가운을 꺼내 파란색 근무복 위에 걸쳤다.

"질환에 대한 설명은 이미 말씀드렸으니까 단도직입적으로 질문하겠습니다."

주변이 개방된 응급실이어서 나는 침대 주변에 커튼을 둘러치고 나서 나직이 말했다. 침대에 누운 사내는 옆쪽과 뒤쪽은 짧게 깎았지만 탈모가 진행된 정수리 주변은 이미 대머리나 다름없었다. 사내는 체격이 다소 왜소했고 테가 두껍고 도수 높은 안경을 쓰고 있었는데 혼기를 훌쩍 넘긴 순진한 국어선생님이나 중간 간부까지 진급한 성실한 공무원에 어울리는 평범한 인상이었다. 다만 그때는 크지 않은 얼굴을 절반쯤 가린 산소마스크를 쓰고 있었다. 그럼에도 불구하고 그가 들이쉬고 내쉬는 숨이 힘겹게 느껴졌다.

"그럼 실례를 무릅쓰고 묻겠습니다. 아내와 마지막으로 성관계를 한 것이 언제입니까? 사적인 질문이 아니라, 예상하시겠지만 진료에 아주 중요한 정보니까 정확히 말씀해주서야 합니다."

사내는 말없이 천천히 고개를 끄덕였다.

아내와의 마지막 성관계를 묻다니. 겉으로는 아무렇지 않게 말을 내뱉었지만 속으로는 마음이 편치 않았지만 어쩔 수 없었다. 진료를 위해서는 꼭 알아야 할 정보였다.

"10년이 넘었어요. 15년쯤 됐을 겁니다."

사내의 목소리는 그의 인상처럼 평범하면서도 차분해서 감정의 동요가 전혀 드러나지 않았지만 실제 감정은 그렇지 않았을 가능성이 더 컸다. 애써 절제하고는 있어도 몇 시간 전부터 이미 평정심을 잃었을지도 모른다. 그런데 이어진 두 번째 질문은 차분했던 그의 표정마저 무너뜨릴 수 있었다. 그만큼 부담스러운 질문이었지만 피할 수 있는 질문도 아니었다.

"제가 단정할 수는 없습니다만, 분명히 사랑하는 분이 있으시겠죠? 사랑은 상대를 소중하게 아껴주는 것이라고 생각합니다. 그러니까 그분을 진정으로 사랑하신다면 이 문제를 알리고 그분께서도 치료를 받으시게 해야 합니다. 더 이상 설명하지 않아도 이해하셨을 거라고 믿습니다."

애매한 침묵이 사내와 나를 짓눌렀다. 커튼만으로는 응급실의 소란함이나 산만함을 완전히 막을 수 없었지만 그 순간만큼은 커튼 안과 밖의 세상이 완전히 분리된 것처럼 느껴졌다. 사내는 한동안 나를 쳐다보다가 말없이 고개를 끄덕였다.

"그럼 직접 연락하시겠습니까? 그게 불편하시면 저희에게 연락처를 알려주셔도 됩니다."

더욱 어색한 침묵이 흘렀다. 사내의 얼굴에 미묘한 감정의 변화가 떠올랐지만 당시 30대 초반이었던 내가 그 표정을 전부 이해하기는 어려웠다.

"내가 하겠습니다."

사내는 힘없이 말했다. 나는 짧게 목례를 하고 침대를 떠나 왔다. 사내가 처음 응급실에 실려 올 때만 해도 그런 대화를 나누리라고는 생각지 못했다. 2주 전부터 감기 증상이 있었고 1주일 전부터 심해져서 개인 의원에 먼저 들렀다가 전원해 온 폐렴 환자였기 때문이다.

나이는 40대 후반, 당뇨병과 고혈압 같은 기저질환이 없는데도 유난히 폐렴이 심했지만 대학병원 응급실에 그런 환자는 흔했다. 다만 처음부터 인공호흡기 치료가 필요할 거라고 예상했다. 흉부 X-ray와 흉부 CT도 그런 예상에서 벗어나지 않았다. 어차피 인공호흡기 치료가 필요하다면 조금이라도 일찍 시작하는 것이 환자에게 유리했다. 환자에게 상황을 설명하고 인공호흡기 치료를 권유했다. 호흡곤란이 상당했지만 의식은 명료한 상태를 유지하고 있어서 환자의 뜻을 확인하는 것이 중요했다. 그런데 환자는 한사코 인공호흡기 치료를 거부했다. 환자가 고등교육을 받았고 괜찮은 직업을 가진 중상류층이었기에 뜻밖이었다. 인공호흡기 치료를 지금 당장 시작하지 않았다가 시기를 놓치면 자칫 사망할 수도 있다고 몇 차례 더 권유해 봤지만 환자는 요지부동이었다. 그런 환자를 이해하기 어려웠고 너무 안타까워서 화도 났다.

그때 영상의학과에서 환자에게 흉부 CT를 처방한 레지던트를 찾는 다급한 전화가 걸려왔다.

"야, 그 환자 PCP야! PCP라고! 지금 당장 HIV 검사 해 봐!"

PCPPneumocystis carinii pneumonia는 폐포자충 폐렴의 약자로 주로 면역이 억제된 사람에게서 발생한다. 백혈병 환자나 자가 면역 질환이나 장기 이식으로 면역억제제를 복용하는 환자 그리고 흔히 에이즈AIDS라 불리는 후천성 면역결핍증에 걸린 환자가 PCP에 해당한다. 영상의학과에서 흉부 CT를 처방한 레지던트를 찾아 당장 HIVHuman Immunodeficiency Virus, 인간면역결핍 바이러스(에이즈를 일으키는 원인 바이러스) 검사를 하라고 말한 것도 그 때문이었다. 나는 서둘러 HIV 항체 검사를 시행했다. 안타깝게도 결과는 양성이었다. 추가로 확진 검사를 해 두긴 했지만 그때까지 얻은 검사 결과와 증상만으로도 에이즈로 진단될 수 있었다.

환자에게 '확진 검사 결과가 나와 봐야 100퍼센트 확신할 수 있습니다만 OOO 씨는 HIV 감염, 그러니까 에이즈라 불리는 질환에 걸렸을 가능성이 매우 큽니다. 현재 나타난 폐렴도 전형적인 폐렴이 아닌, 면역이 약하거나 없는 사람들에게 주로 나타나는 폐포자충 폐렴입니다.'라고 통보하는 것은 그리 어렵지 않다. 응급실에서 일하다 보면 레지던트라도 그런 일에 익숙하다. 어느 때였다면 그런 '음울한 통보'를 하고 나서 환자에게 생각할 시간을 주기 마련이지만 그날은 그럴 수가 없었다. 환자와 의사 모두에게 어색하고 불편한 대화가 하나 더 남아 있었기 때문이다.

인간면역결핍 바이러스는 침, 눈물, 소변으로는 전염되지 않는다. 오로지 혈액과 정액으로만 전염되기 때문에 환자의 성적 지향을 알아야 하고 성관계를 가진 상대도 찾아야 한다. 인간면역결핍 바이러스에 감염되어도 한동안은 비교적 건강한 상태를 유지하기 때문에 면역에 문제가 생겨서 폐포자충 폐렴과 같은 합병증이 나타나기까지는 상당한 시간이 걸린다. 따라서 확진 후에는 최대한 빨리 환자가 감염시켰을 가능성이 있는 사람들을 찾아서 그들에게도 검사를 받게 해야 한다.

그날 환자는 어색한 상태에서 어렵사리 동성애라는 자신의 정체성을 밝혔다. 그때가 2000년대 후반이었고 40대 후반에 접어든 환자의 나이를 감안하면 동성애란 사실을 숨기고 결혼해서 가정을 꾸린 것도 이해할 수 있었다. 환자가 대학을 졸업하고 안정적인 직장을 구했을 무렵인 1980년대에는 다른 선택이 어려웠을 것이다. 여하튼 부인과는 성관계를 언제까지 했습니까? 부인 말고 따로 연인이 있습니까? 있다면 그분에게도 알려야 합니다, 라고 내처 물었어야 했다. 하지만 그때는 나도 레지던트여서 그런 대화를 단번에 진행하기가 쉽지 않았다. 결국 나는 환자와 나 모두에게 잠깐 휴식을 준 뒤에 다시 묻기로 했었다.

다행히 그날 환자와의 대화는 긍정적으로 끝이 났다. 환자가 직접 연락하겠다고 해서 나는 '그분께 감염내과 외래를 방문하라고 말씀해 주십시오'라고 말하고 자리에서 일어나 밖으로 나왔다. 그때 응급실 인턴이 불안하고 긴장한 표정으로 다가와서 말했다.

"선생님, 저는 괜찮을까요?"

괜찮다니? 바로 그 순간에는 무슨 말인지 곧바로 알아차리지 못했다. 하지만 이내 그가 에이즈 진단을 받은 그 환자의 담당 인턴이라는 것을 깨달았다.

"무슨 말이야? 혈액 샘플 뽑다가 바늘에 찔리기라도 한 거야? 그런 사고는 환자의 질환과 관계없이 그 즉시 보고해야 하지 않나?"

응급실 인턴은 고개를 세차게 가로저었다.

"아닙니다. 바늘에 찔린 건 아닌데, 저도 환자를 문진했거든요. 환자와 대화할 때 분명히 보이지 않는 작은 침방울이 저한테도 튀었을 것 같아서요. 전염되면 어떡하죠?"

어처구니가 없었다. 인간면역결핍 바이러스는 혈액과 정액으로만 전염되고 침으로는 전염되지 않는다. 악수를 한다거나 축구나 농구 같은 운동을 같이해도 전염될 가능성은 희박하다. 마찬가지로 함께 커피나 술을 마시고 식사를 했어도 감염의 우려는 없다. 아무리 인턴이라고 해도 그렇지, 의료진이 그런 멍청한 생각을 했다는 것에 화가 치밀었다. 그러고 보니 간호사들도 불안한 눈치였고 언제부터인가 다들 그 환자에게 갈 때마다 수술 장갑을 두 겹씩 끼고 고글까지 썼다.

"없어! 없다고! 그렇게 전염되지 않아."

나는 분노와 짜증이 반씩 섞인 목소리로 말해 놓고 크게 한숨을 내쉬었다.

2

갈비뼈가 드러날 만큼 마른 몸통과 겨울나무 가지처럼 앙상한 팔다리, 검고 짙은 자줏빛을 띠는 피부 병변이 가득한 얼굴, 환자들 대부분은 젊은 남자들이었는데도 일흔을 넘긴 노인들처럼 보였다. 드러나는 겉모습만 흉측한 것이 아니라 고열과 호흡곤란 같은 심각한 증상이 있었고, 의식 저하와 저혈압까지 동반되는 '패혈증 쇼크septic shock, 심각한 감염으로 몸 전체의 다양한 장기가 손상을 입은 상태'인 경우도 적지 않았다. 응급실에 들어설 때는 비교적 상태가 양호했는데도 회복해서 살아남은 사례는 없었다. 온갖 종류의 항생제를 투여해도 일시적인 효과밖에 없었다. 그런데 묘하게도 환자 대부분이 남자, 정확히 말하면 남자 동성애자였다. 간혹 이성애자가 끼어 있기도 했지만 그런 경우는 어김없이 마약 중독자였다.

1980년 뉴욕과 샌프란시스코의 응급실마다 이런 환자들이 끊임없이 실려 왔다. 응급실에서는 상태가 너무 심각해서 끔찍하게 느껴지는 환자들과 마주하는 것은 그 당시에도 드문 일이 아니었지만 응급실에서 잔뼈가 굵은 의사들조차 당시 상황에는 경악할 수밖에 없었다. 단순히 환자의 상태가 끔찍하다거나 현대의학으로는 회복할 수 없는 사례였기 때문만은 아니었다. 끊임없이 응급실에 실려왔고 온갖 치료를 다했는데도 회복하지 못하고 끝내 죽어가는 환자들의 질병이 무엇인지를 짐작조차 할 수 없었기 때문이다.

표면적으로 나타나는 검고 짙은 자줏빛의 피부 병변은 카포시육종Kaposi's sarcoma이고 동반한 폐렴은 대부분 폐포자충 폐렴이었다. 마른 몸통과 앙상한 팔다리는 오래 마약을 사용해 온 후유증이라고 판단할 수 있었다. 그러나 그런 증상이 한꺼번에 발생하는 이유를 설명할 수 없었고 당연히 원인도 찾을 수 없었다. 그런 '미지의 질병'을 마주하는 것은 모든 임상의사에게 최악의 악몽이다. 우주치면 출근을 두려워하는 의사까지 생겨났겠는가. 그렇게 의료진조차 경악해서 공황상태에 빠져드는 동안 묘한 소문이 나돌았다.

'게이의 역병gay plague'이 발생했다는 내용이었다. 소문은 곧바로 생명력을 얻었다. 순진한 이상주의자 지미 카터가 사라지고 '보수의 아이콘'인 레이건이 대통령에 선출된 시대적 배경과 맞물려, 보수주의자들과 근본주의 기독교인들은 에이즈를 '게이와 마약 중독자들의 문란한 생활을 벌하려고 하나님이 보낸 심판'이라고 떠벌렸다. 누구보다 객관적이고 환자에게 우호적이어야 할 의사들 가운데도 새로운 질병을 '문란한 생활습관이 만든 소모성 질환'이라고 비난하는 무리들이 나타났다.

결국 1982년 9월 미국의 질병관리본부CDC, Center for Disease Control가 이 새로운 질병에 '후천성 면역결핍증AIDS, acquired immunodeficiency syndrome'이란 이름을 붙여 공식적으로 발표했다. 그러나 질병관리본부의 발표도 사실과는 거리가 멀었다. 질병관리본부조차 새로운 질병의 원인을 '생활습관'에서 찾았기 때문이다. 동성애자와 마약 중독자들처럼 문란하게 살면서 유해 약물에 빈번히 노출되면 면역 체제가 과부하하고, 그런 상황이 오랫동안 지속되면 면역 붕괴로 이어진다는 가설을 지지한 것이다. 그것은 어디까지나 가설일 뿐이고 뒷받침할 수 있는 어떤 과학적 증거도 없었지만 동성애자나 마약중독자가 아닌 '평범한 다수'는 그런 설명에 만족해하면서 안도했다. 그러는 사이 동성애자와 마약중독자에 대한 편견과 증오는 점점 커져 갔다.

1982년 말에야 이 새로운 질병이 감염성 질환이며 주로 혈액을 통해 전염된다는 과학적 사실이 밝혀졌다. 그 발견으로 특별히 남자 동성애자와 마약중독자들에서 환자가 많이 나오는 이유도 설명할 수 있었다. 남자 동성애자는 성행위 중 혈액에 노출될 위험이 이성애자보다 높고, 마약중독자 역시 마약을 복용할 때 여럿이서 하나의 바늘을 쓰기도 해서 감염된 혈액에 노출될 가능성이 크기 때문이다.

이런 과학적 발견에도 불구하고 소문은 쉽게 가라앉지 않았다. 동성애 자체가 아니라 감염된 혈액에 노출될 위험이 문제인데도 사람들은 동성애와 에이즈를 구분해서 생각하지 않았다. 정확히 말해 에이즈는 혈액을 통해 전염되고 침이나 소변으로는 전염될 가능성이 희박해서 성행위와 같은 아주 밀접한 접촉이 아니라면 결코 위험하지 않다. 그런데도 '침으로도 전염된다'는 헛소문이 끊임없이 나돌았고 자신은 동성애자도 아니고 마약중독자도 아니니까 에이즈로부터 안전하다고 생각하는 '어리석은 안도감'에 빠지는 사람들도 적지 않았다.

그러는 사이 남자 동성애자, 마약중독자와 더불어 혈우병 환자 가운데서도 에이즈가 빠르게 퍼져 나갔다. 에이즈가 혈액을 통해 감염된다는 것은 알았지만 그때까지는 정확한 원인 세균이나 바이러스를 찾지 못했고 당연히 감염 여부를 판단할 수 있는 검사 방법도 없어서 헌혈 과정에서 위험한 혈액을 걸러낼 수 없었기 때문이다. 그런데도 수혈로 감염된 사람에게까지 대중의 시선은 냉랭했다. 급기야 1985년 혈우병 환자로 수혈 과정에서 에이즈에 걸린 라이언 화이트Ryan White라는 13세 소년이 학교에서 퇴학당하는 사건이 터졌다. '에이즈가 침으로도 전염될 수 있어서 라이언 화이트와 악수를 하거나 같이 식사를 하는 일상적인 접촉을 통해 다른 학생들에게도 질병이 옮길 수 있다'는 이유에서였다.

그 무렵 가까스로 에이즈를 일으키는 원인이 규명되었다. 원인은 인간면역결핍 바이러스라고 이름 붙여진 레트로바이러스retrovirus였다. 특이하게도 인간면역결핍 바이러스는 이름처럼 인간의 면역세포, 그 가운데서도 주로 T세포를 감염시킨다. 그래서 감염 초기에는 근육통, 오한, 발열, 설사 같은 증상이 나타난다. 충분히 감기, 독감, 장염으로 오인할 수 있는 증상이며 특별히 치료하지 않아도 대부분은 곧 사라져서 환자와 주변 사람들 모두 대수롭지 않게 생각한다. 하지만 바이러스는 없어지지 않은 채 느린 속도로 T세포를 계속해서 감염시킨다. 짧게는 몇 개월, 보통은 몇 년이 지나서 T세포 가운데서도 CD4라는 T세포의 수치가 200 이하로 떨어지면 비로소 증상이 본격적으로 나타나기 시작한다.

그쯤 되면 인체를 세균과 바이러스로부터 방어해 주는 역할을 하는 면역 체계는 사실상 완전히 붕괴되어 평소에는 인체에 나타나지 않는 특이한 감염이 발생한다. 그동안 암세포의 제거를 담당해 왔던 T세포가 줄면서 평소에는 좀처럼 보기 드문 특이한 암이 생긴다. 진균 감염, 폐포자충 폐렴, 카포시 육종 등의 질환이 대표적이다. 결국 환자는 엄청난 고통을 겪으면서 비참하고 끔찍한 모습으로 사망한다.

엄밀히 말해서 인간면역결핍 바이러스 때문에 생기는 에이즈는 1980년대 와서 널리 알려졌을 뿐 '1980년대의 질병'은 아니다. 원래 침팬지 같은 영장류 사이에서만 유행하던 바이러스가 인간으로까지 영역을 넓히게 된 시기는 아무리 늦어도 1930년대일 것으로 추정된다. 주로 침팬지들 사이에서 유행하던 바이러스였고 사하라 남쪽 아프리카에 국한되어 유행했기 때문에 큰 관심을 끌지 못했을 뿐이다. 게다가 초기 증상도 감기, 독감, 장염 같은 질환과 뚜렷이 구별되지 않고 심각한 증상이 나타날 때까지 몇 년이란 시간이 걸리기도 해서 낙후된 의료 시설, 정치적 불안정, 경제적 궁핍의 문제를 짊어지고 있던 사하라 남쪽 아프리카에서 유행하는 질병에 아무도 주목하지 않았던 것이다. 그러다가 교통이 발전하고 교역이 늘어 이른바 세계화가 진전되면서 미국이나 유럽 같은 선진국에까지 바이러스가 전파된 후에야 비로소 관심을 끌었고 마침내 질병으로 규명되었다.

지난 수십 년 동안의 노력 덕분에 이제 인간면역결핍 바이러스

감염은 더 이상 사형 선고가 아니다. 돌연변이가 빈번히 일어나는 레트로바이러스의 독특한 특징 때문에 아직까지 백신을 개발하지 못했고 '완치'가 가능한 치료제도 없지만, 인간면역결핍 바이러스 감염이 악화해서 에이즈라는 심각한 증상으로 나타나는 것을 효율적으로 막아주는 약물은 충분히 개발되어 있다. 약물만 꾸준히 복용하면 대부분은 평균 수명까지 생존할 수 있다.

실제로 '완치는 불가능하지만 약물만 꾸준히 복용하면 평균 수명까지 생존이 가능한 질환'은 생각보다 많고도 흔하다. 사람들이 대수롭지 않게 생각하는 당뇨병과 고혈압도 그런 질환에 속한다. 인간면역결핍 바이러스는 침이나 소변으로 전염되는 질환이 아니고 수로 혈액과 정액을 통해 전염된다. 당연히 동성애자와 마약중독자만 걸리는 질병도 아니며 통계적으로는 이성애자 간 전염이 동성애자 간 전염보다 오히려 많다. 실제로 에이즈가 가장 암울한 그림자를 드리운 아프리카의 경우, 이성애자 간 성행위와 산모-태아로 이어지는 수직 감염의 비율이 가장 높다. 미량의 혈액으로는 전염될 위험이 높지 않아 의료 행위를 하다가 바늘에 찔리거나 오염된 혈액이 눈에 들어가는 식으로 노출된 경우라도 에이즈 치료에 사용하는 항바이러스제를 예방적으로 복용하면 대부분 안전하다.

그러나 에이즈나 HIV란 단어는 여전히 사람들에게 강한 편견을 불러일으킨다. 혈액과 정액으로 주로 전염되고, 점막이나 상처에 꽤 많은 양의 혈액이 들어가지만 않는다면 전염될 위험이 낮은데도 사람들이 느끼는 공포는 상상 이상이다. 인간면역결핍 바이러스에 감염된 사람과 악수하고 포옹하고 운동하고 함께 식사를 해도 감염 가능성이 없다. 그런데도 감염자들은 정상적인 사회생활을 계속하기가 어렵다. 심지어 꾸준히 치료제를 복용하면 혈액으로도 타인을 감염시킬 가능성이 극히 낮지만 대중들은 무지에서 나온 편견을 쉽사리 거두려고 하지 않는다.

이런 편견이 비단 에이즈와 HIV에만 국한되는 것도 아니다. B형 간염과 C형 간염에 대해서도 마찬가지다. 중국, 한국, 일본에 유독 환자가 많은 이 두 가지 질환도 바이러스가 원인이며 대부분의 경우 몇 년에서 몇 십 년에 걸쳐 시서히 증세가 심각해진다. 공교롭게도 감염 경로까지 인간면역결핍 바이러스와 비슷하다. 주로 혈액과 정액으로 감염되고 침과 소변으로는 감염될 가능성이 희박해서 악수, 운동, 식사 같은 일상생활을 함께하더라도 안전하다. 그러나 B형 간염이나 C형 간염 바이러스에 감염된 사람들은 오랫동안 공공연하게 차별받아 왔다. 타인을 감염시킬 가능성이 극히 희박한데도 식당 같은 요식업체에는 취업하기 어려웠다. 병원 진료에서처럼 꼭 필요한 경우가 아닌데도 B형, C형 간염 여부를 묻는 사례가 많았고 심지어 사무직 입사지원서에도 감염 여부를 적는 칸이 있었다.

아직도 많은 사람이 B형과 C형 간염이 침으로 전염된다고 알고 있다. 인간면역결핍 바이러스가 혈액과 정맥으로만 전염되고 동성애자만의 병이 아니라고 아무리 말을 해도 좀처럼 믿지 않는 어리석고 완고한 사람들이 적지 않은 것처럼.

침에서 태어난
지혜로운 자

1

어리석은 인간들은 자주 싸움을 시작한 이유를 잊는다. 너무 열심히 싸우느라 정작 왜 싸우는지, 무엇을 위해 싸우는지도 잊어버린다. 심지어 달콤하고도 영광스러운 승리에 대한 열망 때문이 아니라 그저 상대가 밉다는 이유만으로 의미 없는 싸움을 고집하기도 한다. 물론 인간만 그러는 것은 아니다. 아스가르드와 바나하임의 신들도 마찬가지였다. 다만 그들은 인간보다 강하고 현명해서 그런 일이 자주 벌어지지 않았을 뿐이다. 그렇지만 일단 벌어졌다 하면 어리석고 약한 인간들의 싸움과는 비교할 수 없으리만치 무시무시한 사건으로 이어진다.

그런 싸움 가운데 가장 압권은 신들 간의 싸움이었다. 아스가르드의 에시르 신족과 바나하임의 바니르 신족이 싸웠던 이유는 분명치 않다. 에시르 신족의 끝없는 탐욕과 그칠 줄 모르는 호기심이 바니르 신족의 평안을 방해한 것이 아마도 가장 유력한 이유였을 것이다. 그러나 그 이유를 신들에게 직접 물어볼 만큼 배짱 좋은 인간은 없었으니 단정해서 말할 수는 없다. 하긴 그것이 인간뿐이겠는가, 서리 거인과 난쟁이들도 신들에게 그런 질문을 던질 수는 없었다.

어쨌거나 에시르 신족과 바니르 신족의 싸움은 볼만했다. 창을 든 오딘과 무시무시한 묠니르_{토르의 망치, 던지면 항상 겨냥한 곳을 정확히 맞춘 다음}

<반드시 토르의 손으로 돌아온다>를 휘두르는 토르가 에시르 신족을 이끌었다. 바니르 신족에게는 오딘과 토르 같은 전사가 없었지만 조용히 마법을 펼쳐 아스가르드의 거대한 성벽을 무너뜨렸다. 창과 망치, 도끼를 휘두르는 에시르 신족과 차분한 표정으로 무시무시한 마법을 펼치는 바니르 신족의 싸움은 팽팽했다. 승리는 술 한 방울만큼도 어느 한쪽으로 기울어지지 않았다.

결국 양쪽 모두 지쳐 버렸다. 위대한 신들에게도 한계가 있는 법이었다. 누가 먼저라고 할 것도 없이 그들은 스스로에게 물었다. 왜 우리가 싸우고 있을까, 무엇을 위해 싸우고 있을까, 그들 가운데 누구도 그 물음에 대답하지 못했다. 곰곰이 따져 보면 에시르 신족이 몽땅 사라진다 해도 바니르 신족에게 좋을 것이 선혀 없었다. 마찬가지로 바니르 신족이 모두 사라지고 바나하임을 정복한다고 해도 에시르 신족이 얻을 만한 보물도 없었다. 양쪽은 화해하기로 했다.

에시르 신족은 무기를 내려놓았고 바니르 신족은 마법을 거두었다. 화해를 선포하는 연회가 벌어졌다. 연회를 시작하면서 에시르 신족과 바니르 신족 모두 순서대로 커다란 무쇠솥에 침을 뱉었다. 에시르 신족과 바니르 신족 모두 밤새도록 먹고 마시고 노래하고 춤추며 미치광이처럼 연회를 즐겼다. 이윽고 먼동이 트고 연회가 끝나갈 즈음에는 연회장이 온통 엉망진창이었다. 신들이 발라먹은 연어 뼈가 산더미처럼 쌓였고 뿔로 만든 잔들이 여기저기 어지럽게 널려 있어서 조금 남아 있던 꿀술이 잔에서 흘러나와 바닥을 적셨다. 군데군데 살점이 들러붙어 있는 소뼈와 양 뼈들이 걸음을 옮겨 놓을 때마다 발길에 채였다. 다들 이제 잠자리로 돌아가서 늘어져 자야겠다며 하나둘 자리에서 일어설 무렵, 오딘만은 잔뜩 찌푸린 얼굴로 그대로 앉아 있었다. 오딘은 하나밖에 남지 않은 눈으로 신들의 침이 담긴 무쇠솥을 뚫어져라 바라보았다.

"우리의 소중한 침으로 아무것도 하지 않는다면 너무 아쉽지 않나? 이런 엄청난 낭비가 어디 있겠나?"

에시르 신족과 바니르 신족 모두 처음에는 어리둥절했다. 밤새 미신 술로 취기가 오른데다 잠까지 몰려와서 오딘이 무슨 말을 했는지 정확히 알아듣지 못한 신도 있었다. 그러나 오딘은 오딘이다. '지혜의 샘'에서 물을 마시기 위해 한쪽 눈을 미미르에게 바쳤던 신이며 룬 문자를 손에 넣기 위해 스스로 교수대에 매달렸던 신이다. 하나밖에 남지 않은 눈으로도 세상의 어떤 신이나 인간, 서리 거인, 난쟁이보다도 많은 것을 볼 수 있는 신이었다. 그가 뭐라고 하면 모두 주의를 기울일 수밖에 없었다. 그때 프레이야가 나섰다. 누구보다도 아름다운 프레이야가 자리에서 일어나 무쇠솥으로 다가가 보는 것만으로도 탄성이 나오는 길고 매력적인 손가락을 무쇠솥에 넣었다. 프레이야가 천천히 무쇠솥에 담긴 침을 휘저었더니 침이

굳으면서 신들과 닮은 형체가 만들어졌다.

"크바시르!"

무쇠솥에서 무엇인가 걸어 나오는 것을 보고 오딘이 소리쳤다. 남자의 모습을 한 '침에서 만들어진 존재'가 눈을 들어 오딘을 바라보고는 고개를 끄덕이며 말했다.

"가장 지혜로운 신이시여, 한쪽 눈으로도 세상 전부를 살펴보는 분이시여, 그림니르이며 제삼자이며 많은 이름을 가진 분이시여."

크바시르, 침에서 만들어진 사내는 오딘이 지닌 모든 이름을 다 읊을 기세였다. 오딘이 오른손을 들어 그를 제지했다.

"그만! 네가 아는 나의 이름을 모두에게 알릴 필요는 없지. 크바시르, 너는 너의 일을 하거라."

2

크바시르는 누구보다 지혜로웠다. 물론 크바시르가 가장 지혜로운 자라고 단정할 수는 없다. 한쪽 눈을 희생한 대가로 지혜의 샘에서 물을 얻어 마신 오딘도 있고 그 지혜의 샘의 원래 주인인 미미르도 있었으니까. 그러나 그것이 오딘을 제외한 나머지 신들에게는 그리 중요한 사안이 아니었다. 다들 어떤 질문에도 척척 대답하는 크바시르에게 놀라며 즐거워했다. 오직 오딘만 그런 크바시르를 알 수 없는 눈빛으로 바라볼 뿐이었다.

그런 오딘의 눈빛이 부담스러웠는지, 아니면 너는 너의 일을 하거라, 했던 명령을 지켜야 한다고 생각해서였는지 확실치는 않았지만 크바시르는 곧 아스가르드를 떠났다. 세상 누구보다 많은 것을 보고 알았으면서도 좀처럼 남에게 나누어 주지 않는 오딘과는 달리 크바시르는 자신의 지혜를 아낌없이 나누어 주었다. 인간, 난쟁이 심지어 서리 거인까지도 크바시르를 칭송했다. 그러나 크바시르는 오딘과는 달리 의심할 줄 몰랐다.

피얄라르와 갈라르가 접근해왔을 때도 그랬다. 작은 몸집, 가무잡잡한 피부, 매부리코, 탐욕으로 가득한 사나운 눈빛, 더러운 손톱이 있는 기다란 손가락을 지닌 두 난쟁이는 크바시르에게 다가가 말을 건넸다.

"지혜로운 크바시르여! 어떤 질문에도 대답하지 못하는 법이 없군요. 정말 감탄스럽습니다. 하지만 아직 받아 보지 못한 질문이 있을 겁니다. 우리가 비록 미련한 난쟁이에 불과하지만 당신에게 그 질문을 드리고 싶습니다."

크바시르는 난쟁이들의 말에 관심을 보였다. 아직 받아 보지 못한 질문이라, 크바시르는 궁금해서 견딜 수가 없었다. 그런 크바시르의 표정을 확인한 두 난쟁이는 서로 의미심장한 미소를 주고받았다.

"지혜로운 크바시르여, 그 질문은 여기에서는 할 수 없습니다.

당신과 우리 둘만 있는 조용한 곳에서만 할 수 있지요. 크바시르여, 우리를 따라오시겠습니까?"

의심 많은 오딘이었다면 두 난쟁이를 그 자리에서 두 동강을 내서 네 토막으로 만들어 버렸겠지만 크바시르는 의심할 줄 몰랐다. 게다가 '아직 받아 보지 못한 질문'이 무엇인지 궁금해서 견딜 수가 없었다. 크바시르는 난쟁이들을 따라가기로 했다.

두 난쟁이는 크바시르를 자기네 집으로 데려갔다. 다른 난쟁이들의 집처럼 그들의 집도 지하 깊은 곳에 있었다. 그들은 햇볕이 전혀 들지 않아 오로지 난쟁이들이 갖가지 물건을 만들 때 사용하는 화로의 불꽃만 희미하게 빛나는 작업장으로 크바시르를 데려가서 몇 가지 도구를 보여 주었다. 꿀을 모을 때 사용하는 커다란 통과 양동이, 큰 주전자였다. 두 난쟁이는 사악한 미소가 가득한 표정으로 크바시르에게 물었다.

"지혜로운 크바시르여, 이 통과 양동이, 주전자는 어디에 사용하는 물건일까요?"

지혜로운 크바시르는 그제야 모든 것을 깨달았다. 아직 받아 보지 못한 질문은 바로 그것이었다. 크바시르는 슬픈 표정으로 대답했다.

"사악하고 탐욕스러운 난쟁이 두 명이 세상에서 가장 지혜로운 자를 죽여 그 피를 받을 때 사용하는 도구들이요. 세상에서 가장 지혜로운 자의 피를 한 방울도 남김없이 뽑아내어 벌꿀과 섞어 발효시켜 술을 만들 때 사용하는 바로 그 도구요."

두 난쟁이는 키득거리며 크바시르의 목을 베었다. 그러고는 한 방울도 남김없이, 한 방울도 바닥에 흘리지 않고 크바시르의 모든 피를 양동이와 통, 주전자에다 받아서 벌꿀과 섞었다. 그들은 크바시르의 피와 벌꿀이 섞인 액체를 뭉근한 불에 올려 놓고 며칠이고 정성들여 저었고 발효가 끝날 때까지 조심스레 보관했다. 드디어 발효가 끝나 꿀술이 완성되자 둘은 한 잔씩 들이켰다. 그러자 추악한 입에서 세상에서 가장 아름답고 재미있는 노래가 흘러나왔다. 두 난쟁이는 신나서 손뼉을 치며 좋아했고 꿀술을 한 잔씩 더 마시며 크바시르의 시체를 처리할 방법을 생각했다.

3

두 난쟁이가 슬피 울며 크바시르의 시체를 모두가 볼 수 있는 곳으로 들어 옮겼다. 그래 놓고 세상에서 가장 지혜로운 크바시르는 그들이 던진 질문을 받고 즐겁게 대답하다가 그만 크바시르 자신이 내뱉은 대답들에 깔려 숨을 쉬지 못했다고 거짓말을 했다. 두 난쟁이가 감쪽같은 솜씨로 크바시르의 잘린 목을 붙여 놓은 덕분에 다들 속아 넘어갔다. 심지어 신들조차 그 거짓말에 속아 두 난쟁이들을 추궁하지 않고 크바시르의 시체를 가지고 돌아갔다. 다만 오직 한 사람, 오딘만은 크바시르의 시체에 피가 한 방울도 남아 있지 않다는 것을 알아차렸다. 두 난쟁이가 지나치게 말을 잘한다는 사실도 깨달았다.

그렇지만 두 난쟁이는 걱정이 없었다. 크바시르의 피로 만든 꿀술 덕분에 둘은 누구보다 지혜로운 존재가 될 수 있었기 때문이다. 위기가 다가와도 꿀술 한 모금만 마시면 손쉽게 벗어날 방법을 떠올릴 수 있었다. 그러나 꿀술의 효과는 길지 않았다. 하루 종일 꿀술을 마시고 있을 수도 없는 노릇이어서 어리석고 사악하며 탐욕스런 평소 모습으로 돌아갈 때가 많았다.

거인 길링이 찾아왔을 때도 그랬다. 거인 길링은 사악한 두 난쟁이의 거의 유일한 친구였다. 길링은 별다른 의도 없이 친구를 찾아왔는데 사악한 두 난쟁이는 그를 의심했다. 자기들이 크바시르를 살해하고 그 피로 꿀술을 만들었다는 사실을 아무한테도 말하지 않았으니 길링이 알 리가 없었다. 그런데도 어리석은 두 난쟁이는 길링이 자기들의 보물을 훔치러 왔다고 오해해서 그를 죽이기로 결심했다. 길링 같은 거인을 살해하는 것은 크바시르를 살해하는 것과는 비교할 수 없을 만큼 힘든 일이었지만 두 난쟁이에게는 꿀술이 있었다. 꿀술을 한 모금씩 마시고 나자 길링이 수영에 서툴다는 사실이 떠올랐다.

"길링님, 뱃놀이 해보셨나요? 정말이지 재미있답니다."

두 난쟁이가 길링을 꼬드겼다. 수영에 서투른 길링이 머뭇거렸지만 두 난쟁이는 안심하란 표정으로 말했다.

　　"길링님, 걱정하지 마세요. 우리 배는 튼튼해서 절대 바다에 빠지지 않아요. 그래서 우리도 수영을 할 줄 모른답니다. 바다에 빠져본 적이 없으니까요."

　　길링은 두 난쟁이를 믿고 배에 올랐다. 그러나 배가 튼튼하다는 것도, 두 난쟁이가 수영을 할 줄 모른다는 것도 거짓말이었다. 튼튼하지 못한 배는 먼 바다로 나가자 부서졌고 수영 실력이 뛰어난 두 난쟁이는 파도에 휩쓸리는 길링을 내버려두고 해안으로 헤엄쳐왔다.

　　다음날 길링의 아내가 찾아왔다. 길링의 아내도 거인이었다. 길링의 아내가 문을 두드리자 겁에 질린 두 난쟁이는 잠깐만 기다리라고 말하고는 다시 크바시르의 피로 만든 꿀술을 마셨다. 그런 뒤에 문을 열고 남편의 행방을 묻는 여자 거인에게 말했다.

　　"길링은 죽었습니다. 바다에 빠졌어요. 배가 튼튼하지 않았고 파도가 험해서 저희가 위험하다고 말렸는데도 한사코 우겨서 어쩔 수가 없었습니다."

　　두 난쟁이의 거짓말에 길링의 아내는 통곡했다. 거인이 슬피 우는 소리를 들어본 적이 있는가? 그 소리는 안타까울 뿐만 아니라 무시무시하고 끔찍하다. 두 난쟁이는 길링의 아내를 위로하는 척하면서 말했다.

"저희가 길링이 죽은 장소로 안내할게요. 그러면 조금이라도 기분이 나아질 거예요."

길링의 아내도 수영에 서툴렀다. 이번에도 두 난쟁이는 튼튼하지 못한 배에 길링의 아내를 태웠다. 길링의 아내도 결국 길링이 빠져 죽은 그 바다에서 숨을 거두었다. 두 난쟁이는 기뻤다. 너무 기뻐서 연회를 벌이기로 결심했다. 둘의 친구는 길링뿐이었으니 연회에 부를 사람은 없었다. 둘은 크바시르의 피로 만든 꿀술을 먹을까 말까 고민하다가 다음을 위해 남겨 두기로 했다. 대신 다른 꿀술을 진창 마셨다. 하필이면 그때 길링의 아들 주퉁이 찾아왔다. 아버지와 어머니가 사라져서 분노에 찬 주퉁은 두 난쟁이의 집에 와서 쾅쾅 문을 두드렸다. 이번에도 둘은 잠깐만 기다리라고 말하고 꿀술을 마시러 가려고 했지만 성질 급한 주퉁이 기다리지 못하고 문을 부수고 쳐들어왔다. 주퉁은 오른손으로는 갈라르를, 왼손으로는 피얄라르를 집어 들었다. 주퉁이 두 난쟁이의 머리통을 엄청난 힘으로 조이자 두 난쟁이는 고통으로 몸부림쳤다.

"우리 부모님 어디 있나? 말하지 않으면 머리통을 으깨어 주마."

크바시르의 꿀술을 미처 마시지 못한 두 난쟁이는 사실대로 털어놓을 수밖에 없었다. 길링과 그 아내를 튼튼하지 못한 배에 태워 먼 바다에 빠뜨려 버렸다는 난쟁이들의 실토에 분노한 주퉁이 그들의 머리통을 으깨려는 순간, 둘은 겁에 질려서 소리쳤다.

"주퉁님, 보물을 드리겠습니다. 한 모금만 마셔도 가장 현명한 자가 되는 술이 있습니다. 현명해질 뿐만 아니라 아름답고 재미있는 노래가 입에서 저절로 흘러나오는 술이랍니다."

목숨보다 소중한 보물은 없다. 두 난쟁이는 크바시르의 피로 만든 꿀술을 주퉁에게 한 방울도 남김없이 바치고 나서야 겨우 목숨을 건질 수 있었다.

4

주퉁만 길링의 자식은 아니었다. 길링에게는 바우기라는 아들도 있었다. 바우기는 주퉁의 동생이었다. 주퉁과 바우기는 둘 다 거인 가운데서도 크고 강해서 넓은 땅을 다스렸고 일꾼도 많았다. 특히 바우기에게는 엄청나게 일을 잘하는 일꾼 아홉이 있었다. 일꾼들도 주퉁과 바우기처럼 거인이었다. 일꾼들이 사용하는 낫도 어마어마하게 컸다. 다만 여느 거인들처럼 그들도 낫을 제대로 관리하지 못했다. 덕분에 날이 무뎌져서 크기가 어마어마한데도 불구하고 생각만큼 일을 빨리할 수가 없었다. 특히 풀을 베어 건초를 만들어야 하는 철이면 대단히 힘들었다.

그날도 바우기의 일꾼 아홉은 힘겹게 낫질을 하고 있었다. 커다란 낫을 휘두를 때마다 길게 자란 풀이 옆으로 쓰러졌지만 날이 너무 무뎌서 제대로 베어지지 않았다. 짜증이 난 일꾼들이 낫을 더 세게 휘둘렀지만 별반 달라지는 것은 없었다. 그때 거인보다는 작고 인간보다는 훨씬 큰 사내 하나가 그들에게 다가왔다.

"나는 볼베르크라고 합니다. 여러분들이 일하는 것을 쭉 지켜봤지요. 그런데 낫이 너무 무디더군요. 여러분의 주인이 고약한 사람이 아니고서야 그런 낫을 주었을 리 없을 텐데 너무 안타깝네요."

볼베르크의 말에 아홉 일꾼은 고개를 끄덕였다. 확실히 그랬다. 바우기는 나쁜 사람이 틀림없었다. 날이 무뎌진 낫으로 풀을 베어 건초를 만들다니.

"그래서 말입니다. 제가 다른 재주는 없어도 숫돌로 날을 세우는 데는 누구에게도 뒤지지 않는답니다. 괜찮다면 제가 낫을 손질해 드릴까요?"

일꾼들은 모두 고개를 끄덕였다. 어차피 손해 볼 것은 없었다. 볼베르크가 주머니에서 숫돌을 꺼내 낫을 문지르기 시작했다. 그렇게 하나, 둘, 셋, 넷…… 아홉 개의 낫을 모두 손질해 주자 일꾼들이 다시 일을 시작했다. 볼베르크가 숫돌에 갈아 날카롭게 날이 선 낫은 이전과는 완전히 달랐다. 풀이 아니라 바람도 베어버릴 수 있을 것 같았다. 덕분에 일꾼들은 힘들이지 않고 일을 마무리했다.

"볼베르크, 고맙네. 그런데 혹시 그 숫돌을 우리한테 팔 생각 없나?"

일꾼의 우두머리가 조심스레 물었다. 볼베르크가 이마에 잔뜩 주름을 만들며 생각에 잠겼다가 대답했다.

"글쎄요. 이건 파는 물건이 아니랍니다. 저도 선물 받았어요. 선물 받은 것을 팔 수는 없죠."

볼베르크의 말에 일꾼들의 표정이 시무룩해졌다.

"아, 그럼 파는 대신 제가 그냥 선물로 드릴게요. 다만 아홉 분이라 숫돌을 아홉 개로 쪼갤 수도 없고 그렇다고 한 분에게만 드리면 공평하지 않으니, 작은 시합을 하는 건 어떨까요?"

시합이라, 일꾼들의 귀가 쫑긋했다. 다들 시합이라면 자신 있었다. 숫돌만 얻을 수 있다면 이제 더는 무딘 낫을 휘두를 필요가 없겠다 생각하니 벌써부터 기분이 좋아졌다.

"자, 일단 낫을 들고 다들 가까이 서세요."

볼베르크는 아홉 일꾼을 동그랗게 세웠다. 너무 가까이 서서 잘못했다간 다른 일꾼의 낫에 찔릴 정도여서 이상하다고 의심할 만도 했는데 일꾼들은 온통 숫돌에만 정신이 팔려 아무 생각도 하지 못했다.

"시합은 간단합니다. 제가 숫돌을 높이 던질 거예요. 그러면 바닥에 떨어지기 전에 먼저 숫돌을 잡는 분이 이기는 겁니다. 다시 말하지만 절대 숫돌을 바닥에 떨어뜨리면 안 됩니다. 그 전에 잡아야 해요."

일꾼들의 표정은 진지했다. 볼베르크는 싱긋 웃은 다음 빙 둘러선 일꾼들 가운데로 숫돌을 높이 던져 올렸다. 숫돌이 바닥에 떨어지기 전에 잡아야 한다는 생각에 사로잡힌 일꾼들은 날카로운 낫을 든 상태로 숫돌을 향해 뛰어올랐다. 자기네가 날카로운 낫을 들고 있다는 사실조차 잊은 채 숫돌을 잡기 위해 양 팔을 공중으로 뻗는 순간 처참한 광경이 벌어졌다. 피가 비처럼 쏟아지며 날카로운 낫에 잘린 아홉 일꾼의 머리와 팔이 우수수 바닥으로 떨어져 내렸다. 그 가운데로 숫돌이 떨어졌고 볼베르크는 싱긋 웃으며 숫돌을 주워 들고 유유히 바우기의 집으로 향했다.

5

일꾼 아홉이 하나도 없이 사라지자 바우기는 당황할 수밖에 없었다. 아직 봄이라 할 일도 많은데 일꾼까지 없으니 막막했다. 다행히 그때 볼베르크가 나타났다. 인간보다는 컸지만 거인은 아니어서 하인으로 일하고 싶다는 그가 처음에는 그다지 반갑지 않았다. 일꾼이 하나도 없으니 어쩔 수 없이 큰 기대 없이 일을 맡겼는데 웬걸, 결과는 놀라웠다. 혼자서도 일꾼 아홉보다 몇 배는 더 일을 잘했다.

일을 시작하고 며칠쯤 지났을 때 볼베르크가 묘한 말을 했다. 바우기의 아버지 길링의 이야기였다. 사악한 두 난쟁이가 바우기의 아버지와 어머니를 살해했다는 것이다. 그러고는 주통이 두 난쟁이를 죽이지 않은 이유를 아느냐고 물었다. 글쎄, 왜 죽이지 않았을까? 그러고 보니 바우기는 이전에는 그런 생각을 해본 적이 없었다.

"보물 때문입니다, 보물! 한 모금만 마셔도 아름다운 노래가 술술 흘러나오는 꿀술이 있는데 그걸 받고 두 난쟁이를 살려준 거예요. 그런데 생각해 보세요. 당신도 길링의 아들이 아닙니까? 아무리 형이라도 부모의 피 값으로 얻은 보물을 혼자서 독차지할 수는 없지요."

볼베르크의 말이 옳았다. 주통이 형이라고 해도 보물을 자기 혼자 차지하는 것은 잘못이었다. 바우기는 당장 형을 찾아가서 따지려고 했다. 볼베르크가 말렸다.

"아니, 미쳤습니까? 당신도 훌륭한 거인이지만 형을 이길 수는 없어요. 주통의 주먹은 당신의 턱을 썩은 나무처럼 쪼개 버릴 거예요. 주통의 무시무시한 손아귀가 당신을 갈가리 찢어 버릴지도 모릅니다. 싸워서는 결코 보물을 얻을 수가 없어요."

볼베르크는 송곳 하나를 바우기에게 건넸다.

"작아 보여도 무엇이든 뚫을 수 있는 송곳입니다. 주통은 보물을 산속 깊은 곳에 숨겼어요. 주통만 열 수 있는 거대한 문을 열지 않으면 들어갈 수가 없죠. 이 송곳은 그 문도 뚫을 수 있어요. 그러나 그리 들어가면 주통이 알고 곧바로 달려올 거예요. 대신 산에다 구명을 내야 합니다. 당신의 힘이라면 가능해요. 산에다 송곳을 찔러 힘껏 누르고 돌리세요. 산속 깊은 곳까지 구멍이 생길 거예요."

바우기는 볼베르크와 함께 길을 나섰다. 주통이 보물을 숨겨두었다는 산은 멀지 않았고 볼베르크가 시키는 대로 송곳으로 찌른 다음 누르고 돌리자 산속 깊은 데까지 작은 구멍이 뚫렸다. 그런데 그 구멍은 너무 작아서 볼베르크도 통과할 수가 없어서 바우기에게는 당연히 무용지물이었다. 이상하다고 여긴 바우기가 돌아보았을 때 볼베르크는 어디에도 없었다. 다만 뱀 한 마리가 빠르게 구멍 속으로 사라졌다. 그제야 바우기는 볼베르크에게 속았다는 것을 깨달았다. 어쩐지 볼베르크가 너무 일을 잘한다 싶었다. 무엇이든 뚫을 수 있는 송곳도 그랬다. 그런 송곳을 가지고 있을 만한 존재는 딱 한 명, 오딘뿐이었기 때문이다. 잔뜩 화가 난 바우기는 주먹으로 뱀이 사라진 구멍을 몇 차례 내리치고는 걸음을 돌렸다.

6

군로드는 무료했다. 아버지 주통은 하나뿐인 딸 군로드에게 가장 중요한 임무를 맡겼다. 산속 깊은 곳에서 보물을 지키는 일이었다. 군로드도 처음에는 좋아했다. 하지만 말이 좋아 중요한 임무였지 새 한 마리 아무도 없는 곳에 유배된 것이나 다름없었다. 보물은 크바시르의 피와 꿀을 섞어 만든 꿀술이라서 한 모금만 마셔도 아름다운 노래가 술술 흘러나오고, 취기가 있는 동안에는 세상 누구보다 현명해진다고 했지만 그것은 어디까지나 아버지의 보물일 뿐이었다. 군로드가 자기 딸이라도 주통은 그런 보물을 나누어 줄 리 없었다.

"오, 아름다운 아가씨! 어떻게 이리 깊은 산속에 계시나요?"

군로드는 깜짝 놀랐다. 그 깊은 산속까지 누군가 들어올 수 있으리란 생각을 하지 못했다. 아버지 주통이 '보물을 지키라'고 명령한 것도 지나친 걱정이라고 생각했었다. 그런데 정말로 도둑이 오다니! 군로드는 도둑을 잡으려고 커다란 곤봉을 집어 들었는데 도둑의 얼굴을 보는 순간 마음이 바뀌었다. 도둑이 군로드가 태어나서 이제까지 만나본 어떤 생명보다도 아름다운 모습의 남자 거인이었기 때문이다.

"아름다운 아가씨, 당신의 눈과 입술에 마음을 빼앗겼습니다! 제가 길을 잃고 이 깊은 산속에 이른 것도 모두 아가씨를 만나기 위해서였군요!"

정작 마음을 빼앗긴 쪽은 군로드였다. 그녀의 뺨이 붉게 달아올랐다. 가슴이 쿵쾅거리고 숨이 가빠 상대를 제대로 바라볼 수도 없었다. 상대는 그런 군로드에게 성큼성큼 다가와 손을 잡았다. 상대가 가까이 다가오자 군로드는 그 아름다움에 숨이 멎을 것 같았다. 그런 군로드에게던 상대가 천천히 입을 맞추었다. 누가 먼저랄 것도 없이 둘이 뒤엉켰다. 시간만이 아니라 공간조차 잊어버릴 것 같은 황홀한 시간이 흐르고 두 남녀는 가까스로 정신을 차렸다. 그때 상대가 군로드에게 말했다.

"당신은 정말 아름다워요. 지금껏 만난 어떤 여인보다도 멋져요."

그러더니 상대가 갑자기 깊은 한숨을 내쉬었다. 그의 얼굴에 너무 절망적인 표정이 떠오르자 군로드는 깜짝 놀랐다.

"제가 재능이 너무 없네요. 당신의 아름다움을 칭송하기에는 제 말이 너무 서툴러요. 당신의 아름다움을 노래로 만들어 영원히 남기고 싶은데 그럴 재주가 없어서 너무 슬프답니다."

군로드는 기분이 한껏 부풀었고 그런 사내가 안쓰러웠다. 그때 문득 아버지의 보물이 떠올랐다. 크바시르의 피로 만든 꿀술이라 한 모금만 마셔도 아름다운 노래가 술술 흘러나온다고 하지 않았던가. 그래, 한 모금 정도야 어떨라구, 아버지도 알아차리지 못할 거야. 군로드는 사내에게 보물 얘기를 꺼냈다.

"아닙니다. 저같이 둔한 녀석에게 그런 보물이라뇨. 보나마나 보물만 축낼 뿐입니다. 그리고 저처럼 재능 없는 녀석은 한 모금 마신다고 해서 좋아지지도 않을 거예요."

상대는 자신감이 너무 부족했다. 그다지도 아름다운 얼굴을 가지고도 자신감이 없다니, 군로드는 너무 안타까웠다. 보물은 아버지 주통이 아니라 사내에게 필요하다고 생각해서 주저하는 상대의 손을 잡아끌고 보물을 숨겨둔 창고로 향했다. 창고에는 통, 양동이, 주전자가 있었는데 그 안에는 모두 크바시르의 피로 만든 꿀술이 가득했다. 군로드는 주저하는 상대에게 통을 건넸다. 그런데 통에 들어 있던 꿀술을 다 마시고도 그는 어이없는 노래를 불렀다. 이번에는 양동이를 건넸다. 양동이로도 상대의 노래 솜씨는 나아지지 않았다. 어쩔 수 없이 마지막 남은 주전자까지 건넸다. 그때 문득 뭔가 이상한 기분이 들었다. 혹시?

걸눈질을 하던 상대는 군로드의 눈치를 알아채고는 주전자를 내동댕이치고 순식간에 하늘로 날아올랐다. 주전자 안에는 이미 꿀술이 하나도 남아 있지 않았고 하늘로 날아오른 상대는 독수리로 모습이 바뀌어 있었다. 군로드는 자신이 속았다는 것을 깨달았다. 그렇게 모습을 바꿀 수 있고 능청스레 야비한 속임수를 쓸 수 있는 존재는 딱 하나, 오딘뿐이었다.

7

아스가르드의 궁전으로 돌아온 오딘은 토르가 준비해 둔 커다란 통에다 들이컸던 꿀술을 모두 토해냈다. 크바시르의 피로 만든 꿀술, 한 모금만으로도 천재적인 시인이 될 수 있고 취기가 있는 동안에는 세상에서 가장 지혜로운 자가 될 수 있다는 보물을 얻은 오딘은 흡족했다.

엄밀히 말하면 모두 얻은 것은 아니었다. 독수리의 모습으로 날아오르는 순간 몇 방울이 바닥에 떨어졌기 때문이다. 그 몇 방울은 미드가르드, 그러니까 인간의 세상으로 흘러갔다. 덕분에 인간도 노래를 하고 이야기를 꾸며내기 시작했다. 오늘 당신이 이 글을 읽는 것도 그 몇 방울 덕분이다.

흘러내리는 침

1

1939년은 시절이 몹시 수상했다. 히틀러가 이끄는 나치 독일이 1939년 봄 체코슬로바키아를 합병했고 늦봄에서 여름으로 넘어갈 즈음에는 이탈리아와 정식으로 군사동맹을 맺었다. 동북아시아에서는 일본의 중국 침략이 점점 노골화했다. 물론 농장과 공장, 항구에서 일하는 미국인들 대부분은 아직 전쟁의 기운을 깨닫지 못했다. 그들 가운데 상당수는 몇 년 후 북아프리카 사막이나 노르망디 해안에서, 네덜란드와 벨기에의 숲이나 이탈리아의 험한 산에서 그리고 태평양의 크고 작은 섬에서 죽음을 맞이할 운명이었다.

그런데도 1939년 당시 미국인, 특히 뉴욕 사람들에게 가장 근심스러운 소식은 전쟁보다는 외려 루 게릭의 기록적인 부진이었다. 타율은 1할대에 머물렀고 홈런은 하나도 때려내지 못했기 때문이다. 스타 선수에게 시즌 초반에 심각한 부진이 찾아오는 사례는 드물지 않다. 하지만 루 게릭은 그 정도가 너무 심했다. 그렇잖아도 1938년부터 루 게릭의 성적은 하향세였다. 물론 시즌 전체 경기에 빠짐없이 출전해서 타율 2할9푼5리, 115타점, 홈런 29개를 기록했으니 훌륭한 성적이긴 했다. 그러나 루 게릭은 보통 선수가 아니었다. 1937년만 해도 전체 경기에 빠짐없이 출전해서 타율 3할5푼1리, 138타점, 홈런 37개를 기록했고 홈런왕 베이브 루스와 더불어 '양키즈 제국'의 주역이었다.

더구나 루 게릭은 베이브 루스와는 전혀 달랐다. 천재적인 재능과 쇼맨십을 타고 났지만 절제가 부족해 자기 관리에 실패한 베이브 루스와 달리 루 게릭은 2천백 경기 이상을 연속 출전할 만큼 자기 관리에 뛰어났다. 베이브 루스를 비롯한 야구 선수들 대부분이 고등교육을 받지 못한 것과는 달리 루 게릭은 명문 콜롬비아대학에 입학할 정도로 학업 성적도 뛰어났다. 그래서 30대 중반에 접어든 나이라고는 해도 1939년 시즌 초반에 보여준 루 게릭의 처참한 성적에 많은 사람들이 경악했다.

5월 2일에는 충격적인 소식이 전해졌다. 극심한 부진 끝에 루 게릭이 자진해서 출장을 거부했던 것이다. 루 게릭의 연속 출장 기록이 2130경기(루 게릭의 이 기록은 오랫동안 깨지지 않았다가 1995년 칼 립켄 주니어가 경신한다) 만에 중단되었다. 그게 전부가 아니었다. 1939년 7월 4일 양키스타디움은 긴장과 흥분이 뒤섞인 묘한 분위기였다. 경기 시작 전 양 팀 선수들이 홈 플레이트 근처에 도열했다. 선수들만이 아니라 구단의 고위 간부들과 그날 경기를 매진시킨 관중 모두가 루 게릭을 기다렸다. 이윽고 펑퍼짐한 디자인과 세로줄 무늬가 특징인 유명한 '양키즈 유니폼'을 입고 루 게릭이 나타났다. 뒤쪽으로 단정하게 벗어 넘긴 머리카락과 호감 가는 미남형의 얼굴은 양복을 차려입었다면 변호사라고 해도 어색하지 않을 것 같았다. 루 게릭은 당당했지만 조금 힘거운 듯한 걸음으로 홈

플레이트 근처에 마련되어 있는 마이크로 다가갔다. 소란했던 양키스타디움이 순식간에 조용해졌고 모두 루 게릭의 목소리를 기다렸다.

"팬 여러분, 지난 2주 동안 저에게 일어난 안 좋은 소식을 아실 겁니다."

감정이 고조된 루 게릭은 잠깐 멈추었다가 다시 힘찬 목소리로 말을 이었다.

"그러나 오늘 저는 제가 세상에서 가장 운이 좋은 사람이라고 생각합니다. 주변을 둘러보십시오. 저는 오늘 이 야구장에서 유니폼을 입고 있는 저 멋진 사람들과 함께하는 특권을 누린 사람이었으니, 당연히 그렇지 않겠습니까?"

루 게릭이 작성한 연설문은 길었다. 그러나 연설문 전체를 읽었는지는 확실치 않다. 오늘날까지 남아 있는 영상으로는 첫 부분과 마지막 인사만 확인할 수 있을 뿐이다.

"저에게 지금 가혹한 시련이 다가왔지만 제가 이제까지 살아오면서 엄청나게 많은 것을 누려온 사람이었다는 말씀을 드리며, 이만 마치겠습니다. 감사합니다."

연설을 끝낸 루 게릭은 몇몇 사람들과 악수한 후 더그아웃으로 걸어나갔다. 그의 걸음은 이전과 달리 자연스럽지 못했다.

2

1939년 7월 4일에 열린 루 게릭의 은퇴식은 슬펐지만 감동적이었다. 루 게릭은 '병마에 지지 않겠다'는 의지를 다지며 활발한 대외활동을 이어갔다. 그러나 1941년 병세가 급격히 악화되었고 그해 6월 2일 숨을 거두었다.

주변 사람들이 알아차릴 수 있을 정도로 심각한 증상이 나타난 것은 1939년이었지만 정작 루 게릭 자신은 1938년부터 이상을 느꼈다. 앞서 말했듯이 1938년의 성적도 일반적인 기준으로는 훌륭했지만 1937년과 비교하면 하락세가 분명했고, 체력에서는 누구에게도 뒤지지 않았지만 경기 중에도 자주 심각한 피로를 느꼈다. 그래도 대수롭지 않게 생각했다. 그런데 1939년 시즌이 시작되면서 1할대의 처참한 타율을 기록하자 병원을 찾을 수밖에 없었다. 단순히 타율이 낮아서가 아니라 방망이를 휘두르는 것조차 힘겨웠고 제대로 뛰어가기도 어려웠으며 1루에서 투수에게 공을 던지는 것마저도 쉽지가 않았기 때문이다.

요즘도 유명하지만 당대에도 미국 최고의 병원으로 꼽히던 메이요 클리닉Mayo Clinic에서 받은 진단 결과는 암울했다. 근위축성축삭경화증amyotrophic lateral sclerosis이란 생경한 질환이었다. 의사는 원인을 알 수 없고 치료법도 없다, 다만 점차 근육이 마비되어 죽음에 이르게 된다는 것만은 확실하다고 말했다. 심지어 앞으로 얼마나 더 살 수 있을지조차 단정할 수 없다고 했다. 운이 좋으면 10년 넘게도 살 수 있지만 몇 개월 만에 사망하는 사례도 드물지 않다고 했다. 사실상 '천천히 다가오는 사형선고'나 다름없었다.

그러고서도 그는 7월 4일에 열린 은퇴식에서 '저는 세상에서 가장 운이 좋은 사람입니다.'로 연설을 시작해서 '저에게 지금 가혹한 시련이 다가왔지만 살아오면서 엄청나게 많은 것을 누려온 사람이었다는 말씀을 드리며, 이만 마치겠습니다.'라는 말로 끝을 맺은 것을 보면 루 게릭은 단순히 '전설적인 야구선수'가 아니라 '위대하고 훌륭한 인간'이 분명하다. 루 게릭의 야구 인생을 멈춰 세우고 생명까지 앗아간 '근위축성측삭경화증'이란 질환은 그래서 생경한 이름 대신 '루 게릭병'이라는 좀 더 쉬운 이름으로 알려지기 시작했다.

지난 80년 동안 현대의학이 눈부시게 발전했음에도 불구하고 아직까지 루 게릭병은 정확한 원인도 모르고 확실한 치료법도 없다. 주로 40~70세 사이에 발병하고 여자보다 남자에게 더 흔하며 하위 운동 신경원lower motor neuron에서부터 점차 마비가 나타나서 뇌신경cranial nerve과 척수신경spinal nerve의 강직과 위축으로 진행된다. 주로 2~3년 안에 사망하지만 10년 이상 생존하는 경우도 있다는 사실만 경험적으로 밝혀냈을 뿐이다.

이런 딱딱한 의학적 설명을 이해하기 쉽게 바꿔 보면, 처음에는 팔다리의 근력이 조금씩 약해지면서 쉽게 피곤을 느끼고 이전에는 능숙하게 할 수 있었던 동작이 어색해지기 시작해서 팔다리가 완전히 마비되어 아예 생활 자체가 침대와 휠체어에 국한되는 단계로까지 병세가 나빠진다는 말이다. 그런 다음에는 성대와 주변 근육이 마비되어 말을 못하게 되고 물이나 음식을 삼킬 수 없으며 마지막에는 호흡 근육까지 마비된다. 루 게릭의 사망 원인도 호흡 근육의 마비였다.

오늘날에는 호흡 근육이 마비되어도 삶을 조금 더 연장할 수 있다. 루 게릭이 살던 시대에는 없었던 '인공호흡기'가 등장했기 때문이다. 인공호흡기는 단순히 고농도의 산소를 공급하는 기계가 아니라 기관지에 인위적으로 고농도의 산소를 불어넣어 문자 그대로 '기계 호흡'을 만들어주는 장치다. 일반적으로는 폐렴이 심해서 자발 호흡으로는 혈액에 충분한 산소를 공급할 수 없는 환자에게 사용하지만, 심한 뇌경색이나 뇌출혈로 호흡 중추가 손상된 환자와 중증 외상으로 의식이 소실되고 혈압이 심각하게 낮아지는 외상성 쇼크, 또는 유기인계 농약 중독이나 복어독 중독으로 호흡 근육이 마비된 환자에게도 사용한다.

인공호흡기를 사용하기 위해서는 몇 가지 시술이 필요하다. 그중 가장 중요한 시술은 기관내삽관endotracheal intubation이다. 앞서 발했듯 인공호흡기는 고농도 산소를 강제로 기관지에 불어넣는 기계다. 기관내관endotracheal tube이라는 기다란 플라스틱 관을 입에서부터 시작해서 성대vocal cord 사이로 통과시켜 기관trachea까지 넣어주어 고농도 산소를 불어넣을 수 있도록 통로를 만들어야 한다. 이렇게 만든 통로도 오랫동안 사용할 수는 없다. 기껏해야 2~3주 동안 쓸 수 있을 뿐이다. 폐렴이 너무 심해서 인공호흡기 치료가 한 달 이상 필요하거나 루 게릭병 같은 만성질환으로 지속적인 인공호흡기 치료가 필요한 경우에는 다른 방식으로 기관까지 연결되는 통로를 만들어야 한다.

그런 상황에서 사용하는 방법이 기관절개술tracheostomy이다. 폐로 연결되는 기도air way 는 목의 앞부분에 위치하고 소화기관으로 연결되는 식도esophagus는 목의 뒷부분에 위치한다. 이런 해부학적 구조를 이용해서 가슴이 끝나고 목이 시작되는 위치를 절개해서 인공호흡기가 고농도 산소를 불어넣는 통로를 만드는 것이다. 루 게릭병 환자는 대부분 이 기관절개술을 받는다. 질환이 악화되어 호흡 근육까지 마비되면 기관절개술로 만든 통로에 작은 가정용 인공호흡기를 연결해서 죽음을 연기하는 수밖에 없다. 물론 삶의 질은 매우 나쁘다. 그 단계에까지 이르면 팔다리 근육까지 완전히 마비되어 손가락도 까닥 할 수가 없다. 겨우 눈을 깜빡이거나 눈동자를 움직이는 것이 고작이다. 세계적인 물리학자 스티븐 호킹이 자기 눈동자의 움직임을 감지하는 센서와 컴퓨터를 이용해서 사람들과 의사소통했던 것도 그가 루 게릭병 환자였기 때문이다.

그런데 인공호흡기 치료가 필요할 정도로 상태가 심각하지 않은 루게릭병 환자에게도 기관절개술을 시행할 수밖에 없는 경우가 있다. 그 이유는 조금 이상하게 들리겠지만 바로 '침saliva' 때문이다.

3

침의 성분은 99~99.5% 이상이 수분이며 나머지 0.5~1퍼센트는 전해질, 아밀라아제 같은 소화효소, 면역글로불린A immunoglobulin A 와 리소자임lysozyme 같은 면역물질, 그리고 소량의 상피세포로 이루어져 있다. pH6.3~6.9로 약한 산성을 띠는 침은 5개의 큰 침샘 (2개의 귀밑샘, 2개의 턱밑샘, 1개의 혀밑샘)과 100개 이상의 작은 침샘에서 하루에 무려 1.5리터나 만들어진다.

'1.5리터'라는 말에 대부분은 눈이 휘둥그레질 텐데 침의 다양한 기능을 감안하면 결코 많은 양이 아니다. 침은 섭취한 음식물을 씹을 때 치아의 마모를 막아주는 윤활 작용을 한다. 물리적으로는 음식을 부드럽게 만들고 화학적으로는 아밀라아제 같은 소화효소의 작용으로 기본적인 소화를 돕는다. 입안이 건조해지는 것을 막아주고 면역글로불린과 리소자임은 유해 미생물의 번식도 막아준다. 이런 기능을 해내려면 항상 입안이 촉촉해야 해서 침이 끊임없이 만들어져야 한다. 그 때문에 1.5리터도 결코 많은 양이 아니다. 그렇게 침은 하루 내내 만들어지고 우리가 스스로 인식하지 못하는 사이에 자연스레 삼키곤 하는 것이다.

　루 게릭병은 다른 근육과 마찬가지로 '삼키는 기능'을 담당하는 근육까지도 차차 마비된다. 그래도 근육의 마비와 상관없이 침샘에서는 정상적으로 침이 만들어지니 환자가 입 밖으로 침을 흘릴 수밖에 없고 병세가 나빠지면서 증상이 점점 더 심해진다. 이런 증상은 루 게릭병 외에 다른 근육병에서도 관찰되며 뇌성마비cerebral palsy와 뇌졸중cerebral stroke처럼 '삼킴장애'가 생기는 다른 질환에서도 나타난다. '침 흘림'은 보호자가 의료진에게 불만을 표시하는 대표적인 증상이기도 하다. 루 게릭병이든 다른 근육병이든 삼킴장애가 일어나는 질환의 상당수가 효과적인 치료법이 없다. 그래서 보호자들도 '머지않아 다가올 음울한 미래'를 모르지 않아서 헛되고 안타까운 기대를 품는 경우는 드물다. 단지 그깟 '침 흘리는 것'쯤은 간단히 해결할 수 있지 않느냐고 가볍게 생각하는 사례를 종종 마주치게 된다.

　그러나 보호자들의 생각과는 달리 삼킴장애가 생긴 환자의 침 흘림을 해결하기란 사실상 불가능하다. 루 게릭병을 비롯한 근육병과 뇌성마비, 뇌졸중 같은 질환에서 한 번 상실된 삼키는 기능이 호전되는 경우는 극히 드물다. 침을 삼킬 수 없으니 아예 만들어지는 침의 양이라도 줄여 보자고 침샘에 보톡스 같은 약물을 투여할 때도 있지만 효과는 크지 않다.

삼킴장애 때문에 과도하게 침을 흘리는 증상은 보호자의 불만 말고도 한층 더 심각한 문제를 일으킨다. 삼키지 못한 침은 밖으로만 흘러내리는 것이 아니라 기도로도 넘어가기 때문이다. 정상인도 가끔 침이나 음식물이 기도로 넘어갈 때가 있다. 급하게 물을 마시거나 음식을 먹다가 흔히 '사레들리다'라고 표현하는, 눈물이 날 때까지 기침을 하게 되는 경험을 다들 몇 번쯤은 해보았을 것이다. 안타깝게도 근육 마비로 삼킴장애가 생긴 환자는 기도로 넘어간 침이나 이물질을 기침을 해서 토해낼 수가 없다. 기도로 넘어가 버린 삼켜지지 않은 침이 '흡인성 폐렴aspiration pneumonia'을 일으킬 위험이 크다.

일반적인 세균성 폐렴과 달리 기도로 넘어간 이물질이 염증을 일으키는 흡인성 폐렴은 예후가 좋지 않다. 이 폐렴 자체가 일반적인 세균성 폐렴에 비해 쉽게 치료되지 않는 질환이라서 그렇기도 하지만, 흡인성 폐렴에 걸린 환자 대부분이 근육병이나 뇌졸중 같은 만성 질환을 앓고 있기 때문이다. 실제로 루 게릭병 환자의 상당수가 바로 이 흡인성 폐렴으로 사망한다. 그래서 종종 호흡 근육 마비가 심하지 않아서 아직은 스스로 호흡할 수 있는 환자에게도 미리부터 기관절개술을 시행한다. 아직 인공호흡기가 필요한 상황은 아니지만 침이 기도로 넘어가서 치명적인 흡인성 폐렴이 생기는 것을 미리 막아주기 위해서다. 목의 앞부분을 절개하고 튜브를 넣어 그 통로로 호흡하도록 하면 흡인성 폐렴의 위험은 어느 정도 줄어든다. 그러니까 하찮아 보이는 '흘러내리는 침'의 문제를 해결하지 못해서 목의 앞부분을 절개까지 해서 통로를 만들어 주는 셈이다.

살아 있는 여신과
코브라

1

위대한 영웅, 야망 큰 악당, 성실한 후계자, 셋 가운데 누구를 유혹하는 것이 가장 힘이 들까? 일단 가장 간단하고 손쉽게 유혹할 수 있는 존재는 '야망 큰 악당'이다. 그래서 마르쿠스 안토니우스를 만나기 전에는 조금도 불안하지 않았다. 타르수스 항구를 약속 장소로 정한 다음 본체에는 금박을, 커다란 노에는 은박을 입히고 자줏빛 돛을 단 배를 탔다. 달콤한 향을 잔뜩 피워 놓고 화려한 침대에 비스듬히 누워 아프로디테 같은 느낌을 주는 것만으로도 충분했다. 물론 날씨도 중요했다. 이왕이면 햇빛이 환하게 내리비추고 바람이 불지 않아 파도가 잔잔한 것이 좋을 테니. 그러나 날씨도 시실은 큰 문제가 아니었다. 날씨가 나쁘면 이런저런 이유로 약속을 며칠 연기하면 그만이었다. 어쨌거나 그녀가 타르수스에 도착했을 때는 다행히 날씨가 좋아서 만남을 연기할 필요도 없었고 안토니우스 역시 예상대로 그녀의 매력에 조금도 저항하지 못했다.

"마르쿠스 안토니우스."

그녀가 이제는 세상에 없는 옛 연인의 이름을 천천히 중얼거렸다. 그러자 헤라클레스 같은 몸부터 떠올랐다. 괴물 같은 크고 둔탁한 근육질의 몸이 아니라 눈을 감고 손으로 더듬기만 해도 기분이 좋아질 정도로 아름다우면서도 전장의 거친 바람이 느껴지는 몸이었다. 그런 몸이야말로 안토니우스의 가장 큰 매력이었다. 얼굴도 물론 잘생겼지만 돈만 지불하면 젊고 잘 생긴 노예쯤이야 수십 명이라도 단번에 구할 수 있었다. 하지만 안토니우스의 매력은 아름다우면서도 거칠고 강력한, 헤라클레스 같은 바로 그 '몸'이었다. 안토니우스는 남자로서만이 아니라 장군과 정치가로서도 마찬가지였다. 잘생기고 야망 가득한 얼굴과 헤라클레스 같은 몸으로 적진을 돌파하고, 의원이나 시민들에게 열정 가득한 연설을 토해 낼 때가 안토니우스의 매력이 가장 빛나는 순간이었다.

그럼에도 불구하고 안토니우스는 어디까지나 '야망 큰 악당'에 불과했다. '로마의 일인자', '왕들의 왕'이 되겠다는 야망은 크고 강렬했지만 안토니우스는 '빼앗으려는 자'였다. 스스로 개척하고 창조하는 영웅이 아니라 이미 남이 만들어 놓은 것을 빼앗거나 낚아채는 불한당에 불과했다. 유능하고 야망의 크기가 엄청나다는 것만 빼면 뒷골목 건달이나 다를 바 없었다. 그래서 금박과 은박을 잔뜩 입힌 배를 타고 달콤한 향기를 풍기며 여신처럼 등장하는 것만으로도 안토니우스를 장악할 수 있었다. 그저 환심을 사는 것에 그치지 않고 그의 영혼의 가장 깊은 곳까지도 마음대로 조종할 수 있었다. 하지만 바로 그것이 실수였다. 적당한 선까지만 홀렸어야 했다. 지나치게 마음을 빼앗긴 안토니우스는 사랑에 빠진 조급한 남자에 불과했기 때문이다.

그리고 보면 최고의 남자는 오히려 카이사르였다. 외모로만 보면 그리 볼품은 없었다. 못생긴 얼굴은 아니었지만 안토니우스처럼 미남도 아니었고 무엇보다 그는 대머리였다. 게다가 갈리아의 사나운 야만족을 상대로 싸운 전사였지만 이미 나이가 육체의 전성기를 지나 있었다. 그래도 카이사르는 단순히 '야망 있는 권력자'가 아니었다. 다른 사람보다 훨씬 멀리 내다보았고 스스로 운명을 개척했고 자신이 다스릴 제국을 직접 만들어내는 사내였다. 카이사르에게는 안토니우스에게는 없는 재치 있는 입담이 있었고, 예술을 즐기고 아름다움을 알아보는 안목도 있었다. 그래서 카이사르를 찾아갔을 때는 그녀도 긴장할 수밖에 없었다. 왕국을 두고 동생과 벌인 투쟁이 불리하게 전개되고 있기도 했지만 카이사르란 사내의 환심을 살 수 있을지도 확실치 않았기 때문이다.

커다란 바구니에 몸을 숨기고 카이사르의 숙소에 몰래 숨어들어갈 때는 너무 긴장해서 숨도 제대로 쉬어지지 않을 지경이었지만 바구니에서 걸어 나와 카이사르 앞에 섰을 때는 아무렇지 않은 듯 당당하게 행동했다. 그런데 막상 카이사르와 눈이 마주치자 정말 가슴이 두근거렸다. 그녀는 정말로 카이사르를 사랑했다. 카이사르가 '나와 함께 로마로 간다'고 말했을 때 조금도 망설이지 않고 따라나섰다. 그녀는 '이집트의 여왕'이 아니라 '로마의 왕비'가 되고 싶었다. 그래서 카이사르가 살해되고 나서 로마를 떠나와야 했을 때는 정말 슬펐다.

'최악은 옥타비아누스지.'

옥타비아누스, 확실히 그 애송이가 최악의 상대였다. 안토니우스처럼 야망과 탐욕으로 똘똘 뭉친 불한당도 아니었고 카이사르처럼 자신의 운명을 스스로 개척하고 제국을 창조하는 천재도 아니었다. 유능했지만 안토니우스 같은 탐욕스런 야망도 그렇다고 카이사르처럼 새로운 무엇을 창조하려는 욕망도 없었다. 대신 책임감이 강하고 성실했다. 양자에 지나지 않았지만 카이사르가 자신에게 물려준 이름에 대한 책임을 다하려고 노력했다. 옥타비아누스를 유혹하는 것은 불가능했다. 혹시나 하는 희망에 최선을 다했지만 역시 '성실한 후계자'는 냉랭했다.

"당신을 죽이지 않겠다. 당신은 여전히 왕족이며 그에 합당한 대우를 받을 것이다."

성실한 후계자가 차갑게 말했다. 그러고는 한층 더 무심하게 덧붙였다.

"그러나 이집트에서 살 수는 없다. 당신은 나와 함께 로마로 간다."

카이사르도 나와 함께 로마로 간다, 고 말했었다. 그러나 카이사르가 그녀를 '연인'이며 '손님'으로 데려갔다면 성실한 후계자는 그녀를 단지 '개선 행렬의 화려한 장식'으로 데려가려는 것이었다. 자신은 분명 로마에서 열릴 화려한 개선식에서 '최고의 전리품'으로 진열될 것이다. 옥타비아누스는 그녀를 개선 행렬에 세우는 것으로 안토니우스를 무찌른 것을 과시하고 카이사르의 후계자로서의 자질을 인정받으려는 것이다.

'애송이 녀석.'

그녀는 씁쓸하게 웃었다. 안토니우스는 자살했고 그와 그녀의 군대는 몰살당했다. 그러나 그녀는 여전히 이집트의 여왕이며 '살아 있는 신'이다. 살아 있는 신이 결코 그런 식으로 모욕당할 수는 없다. 그녀는 자리에서 일어나 시녀가 가져온 장신구 바구니를 뒤적였다. 옥타비아누스는 그녀를 여전히 왕족으로 대우했고 왕족에게 어울리는 음식, 장신구, 향료를 제한 없이 들여올 수 있게 배려했다. 그러나 그녀가 바구니에서 찾은 것은 장신구나 향료가 아니라 금빛으로 빛나는 작은 도구였다. 금박을 입혀 놓은 것이었는데 도구 끝에 뾰족이 나와 있는 날카로운 가시는 강철이었다.

그녀는 망설이지 않고 그 가시로 자신의 손목을 찔렀다. 살짝 질렀다 뺀 것이 아니라 힘껏 찔러 깊숙이 밀어 넣었다. 도구 안에 있던 액체가 상처를 타고 몸 안으로 스며들었다. 그녀는 상처에 액체가 충분히 스며드는 것을 확인하면서 천천히 침대로 향했다. 침대에 이르자 도구를 바닥으로 던지고는 양 손을 가슴에 가지런히 모으고 누웠다. 도구에 들어 있던 액체는 코브라 독이었다. 아직은 의식이 명료했지만 독이 퍼질수록 숨이 쥐어올 것이다. 시녀를 통해 확인한 바로는 큰 고통은 없다고 했다. 의지만 강하다면 '죽음의 고통'이 드러나지 않는 잠잠한 표정으로 여왕답게 죽을 수 있을 것이다.

2

알렉산더 대왕, 칭기즈칸, 나폴레옹 그리고 히틀러. 이 넷은 모두 '세계 정복'을 꿈꿨다. 그러나 실질적으로 세계 정복을 이룬 사람은 알렉산더 대왕뿐이었다. 나폴레옹과 히틀러는 겨우 유럽과 아프리카 일부를 정복한 뒤에 몰락했으니 당연히 실패였다. 칭기즈칸을 세계 정복에 실패한 정복자로 분류하는 것에는 적지 않은 사람들이 고개를 갸웃할 것이다. 단순히 정복한 면적으로만 따져 봐도 칭기즈칸과 그 후계자들의 정복지가 가장 넓다. 그럼에도 불구하고 몽고제국의 최전성기에도 '존재를 인식했으면서 정복하지 못한 문명 세계'가 존재했다.

그 반면에 알렉산더 대왕은 발칸반도로부터 이집트를 포함한 북아프리카, 오리엔트 전체, 중앙아시아 그리고 인도 북부에 이르기까지 '인식하고 있던 모든 문명 세계'를 모조리 정복하고 다스렸다. 당시 서유럽에는 그리스인과 페니키아인이 건설한 몇몇 식민도시를 제외하곤 문명국가가 없었고 중국은 그들의 인식 밖에 존재했다. 알렉산더 대왕이 인도 북부에 도달했을 때 지친 부하들이 '세계의 끝이니 이제 돌아가자'고 주장했던 것도 그 정도가 그들이 인식하는 세계의 전부였기 때문이다.

그러나 알렉산더 대왕도 세계 정복에는 성공했지만 '세계 통치'에는 실패했다. 정확히 말하면 세계를 통치할 기회가 없었다고 해야 할 것이다. 정복을 마무리하고 화려한 수도에서 본격적으로 통치를 시작할 무렵 갑작스레 사망했기 때문이다. 고대의 기준으로도 예상하지 못했던 이른 죽음이라서 그 당시에도 암살이란 소문이 돌았다. 말라리아 같은 질병으로 사망했을 가능성도 크지만 알렉산더 대왕이 '신하들과 비교적 대등한 위치의 그리스 군주'라기보다는 '전지전능한 동방 군주'에 가깝게 행동했던 것과는 달리 그와 오랫동안 함께한 장군들은 여전히 '그리스식 군신 관계'를 선호해서 생긴 묘한 분위기를 고려하면, 암살이었다는 설도 터무니없는 음모론만은 아닐 것이다. 어쨌거나 알렉산더 대왕은 젊은 나이에 너무 어린 아들을 남겨 두고 사망했다. 알렉산더 대왕의 '너무 어린 아들'은 당연히 제국을 통치할 기회를 얻지 못하고 살해당했고 제국은 야심만만한 장군들의 손아귀에 떨어졌다.

훗날 '구원자'란 별명으로 유명해진 프톨레마이오스 1세는 그런 알렉산더 대왕의 장군들 가운데 가장 탁월한 싸움꾼도 가장 훌륭한 전사도 아니었지만, 가장 교양 있는 인물이었던 것만은 틀림없었고 동시에 냉철한 현실주의자였다. 알렉산더 대왕의 '위대한 원정'에 초기부터 참여했고 알렉산더 대왕의 가까운 친척(이복형제라는 주장도 있다)이었지만 제국 전체를 물려받겠다는 망상은 한 번도 품은 적이 없었다. 다른 장군들이 저마다 알렉산더 대왕의 진정한 후계자라고 주장하면서 섭정을 비롯해 세계 제국을 다스리려고 과욕을 부렸던 것과는 달리 프톨레마이오스 1세는 '불안정한 세계 제국'보다는 '안정된 왕국'을 원했다.

그는 골치 아픈 일에 휘말리기 쉬운 그리스 지역과 외부 침략에 취약한 시리아-메소포타미아 지역 대신에 안정적이면서 방어에도 유리한 이집트 지역을 자신의 몫으로 선택했다. 그는 마케도니아 왕가 출신의 그리스인이었지만 유화적인 정책을 펼쳤다. 그리스와 이집트에는 모두 다신교의 전통이 있었다. 그는 그 점을 이용해서 알렉산더 대왕이 그랬던 것처럼 그리스의 최고신 제우스와 이집트의 태양신 아문-라를 결합해 스스로를 그 화신이라 칭했다. 이집트 종교뿐 아니라 유대인 같은 소수민족의 종교에도 너그러운 편이어서 이미 어느 정도 상권을 장악한 그들의 지지도 얻었다. 덕분에 프톨레마이오스 1세의 후손들은 300년 가까이 큰 어려움 없이 이집트를 다스렸다. 물론 왕가 내부의 투쟁은 언제나 격렬했다. 그리스인이나 이전의 이집트 파라오처럼 '살아 있는 신'으로 칭하며 왕족들끼리만 결혼하는 식으로 분쟁을 최소화하려고 했지만 오히려 형제자매, 때로는 남매이며 부부인 사람들 간에도 목숨을 건 투쟁이 빚어지곤 했다.

프톨레마이오스 가문 최후의 파라오였던 클레오파트라 7세도 그런 투쟁에서 자유롭지 못했다. 두 번이나 남동생과 결혼했지만 남매이며 부부인 왕과 여왕 사이에선 항상 격렬한 투쟁이 벌어졌다. 그녀는 두 번 모두 외부의 도움을 얻어 투쟁에서 승리했고, 남동생을 살해하면서까지 살아 있는 신의 자리를 지켜냈다. 그 두 번 가운데 처음이 카이사르였고 두 번째이자 마지막이 안토니우스였다. 애초에 그녀는 폼페이우스를 물리치고 이제 막 로마의 일인자가 된 카이사르와 함께 이집트의 여왕이 아닌 제국의 왕비를 꿈꾸며 로마로 향했지만 카이사르가 암살되는 바람에 그 꿈은 수포로 돌아갔다. 이집트로 돌아온 그녀는 다시 남동생과 결혼했고 곧 권력 투쟁에 휘말렸다. 그러자 예전에도 그랬듯이 새로운 '로마의 통치자'인 안토니우스의 환심을 사서 위기를 모면하기로 마음먹었다. 다행히 안토니우스는 카이사르보다 유혹하기 쉬운 존재였다. 하지만 안토니우스는 폼페이우스를 제압한 카이사르와는 달리 맥없이 옥타비아누스에게 제압당하고 말았다. 성실하고 책임감이 강했던 옥타비아누스는 클레오파트라의 유혹에 호락호락 넘어가지 않았다.

결국 클레오파트라는 자살로 삶을 마감했다. 옥타비아누스의 전리품이 되어 로마로 끌려가서 개선행렬을 장식하느니 차라리 '살아 있는 신'으로 위엄 있게 죽는 것을 선택한 것이다.

그런데 그녀가 죽음을 맞이한 방법은 여전히 모호하다. 시녀가 바구니에 숨겨 들여온 코브라에 물리는 것을 선택했다는 설이 가장 유력하지만 그것은 할리우드 영화의 영향을 받은 것일 뿐이다. 현실적으로 코브라를 몰래 들여오기가 어려웠을 것이기 때문이다. 다만 독사의 독, 특히 코브라의 독을 사용했다는 얘기만은 거의 사실로 간주된다.

3

세상에는 엄청나게 많은 뱀이 존재한다. 그 숫자만큼이나 종류도 다양해서 척추가 있는 변온동물이며 비늘이 덮인 몸통과 퇴화한 다리가 있다는 몇 가지 요소를 제외하면 도무지 서로 연결하기 어려울 만큼 다른 경우도 적지 않다. 마찬가지로 그들이 생태계에서 차지하는 위치, 이른바 먹이사슬의 위치도 제각각이다. 신화, 전설, 민담이나 공포영화가 남긴 인상 때문에 '뱀'이란 단어만 들어도 무시무시한 포식자를 떠올리게 되지만 실제로는 대부분의 뱀이 먹이사슬의 중간이나 중간보다 조금 아래 위치한다. 다만 진화하면서 특이한 능력을 획득한 예외적인 경우에만 먹이사슬의 높은 위치에 올라 무시무시한 포식자의 위용을 자랑한다. 몸집이 엄청나게 크고 강력한 근육 덕분에 멧돼지도 휘감아 질식시킬 수 있는 비단뱀이 대표적이다. 비단뱀과는 다르게 진화해서 보다 은밀하고도 소름끼치는 무기를 획득한 부류도 있다. 바로 독사다.

　비단뱀이 몸집을 키우고 강력한 근육을 갖추는 방식으로 진화하는 동안 독사는 독특한 방식으로 침샘을 진화시켰다. 인간과 마찬가지로 동물의 침도 일반적으로는 수분과 전해질, 소량의 단백질로 구성되어 있어 음식을 씹거나 삼킬 때 윤활 작용을 한다. 또 유해 미생물이 입안에서 번식하는 것을 억제하며 위stomach에서 본격적으로 이루어질 소화를 보조한다. 독사의 침샘에서 분비되는 액체도 분명히 침은 침이지만 단백질이 아주 독특하다. 일반적으로 독성이 없는 인간이나 다른 포유류, 파충류의 침에 포함된 단백질은 리소자임lysozyme 같은 항균 물질과 아밀라아제amylase 같은 소화 효소가 대부분이지만 독사의 침샘에서 분비되는 액체에 포함된 단백질은 문자 그대로 치명적인 독성물질이다. 그러나 침샘에서 강력한 독을 분비하는 것만으로는 목숨을 위태롭게 하는 데 충분하지 않다. 그 독액을 사냥한 먹이나 생존을 위해 맞붙은 상대의 몸에 효율적으로 주입할 도구가 있어야 비로소 결정적인 타격을 줄 수 있기 때문이다. 그런 이유로 독사는 진화 과정에서 독액을 효율적으로 주입할 수 있는 날카로운 독니fang도 획득했다. 독니의 형태도 독사가 처한 상황에 따라 다르게 진화할 수밖에 없었는데 오늘날 독사를 분류하는 기준으로 활용된다.

그 분류 기준에 따르면, 육지에서 살아가는 독사는 고정된 독니를 지닌 코브라과Elapidae와 경첩처럼 접었다 폈다 할 수 있는 독니를 지닌 살무사과Viperidae로 나뉜다. 코브라과에 속한 독사는 독니가 턱 앞쪽에 고정되어 있고 길이가 비교적 짧아서 상대의 근육 깊숙한 곳까지 독을 주입하기가 어렵다. 반면에 살무사과에 속한 독사는 턱 앞쪽에 있는 독니가 경첩처럼 움직여서 입을 다물었을 때는 독니가 가로 방향으로 누이기 때문에 코브라과에 속한 독사의 독니보다 길이가 훨씬 길어진다. 그만큼 상대의 근육 깊숙이 독을 주입할 수 있다는 말이다. 코브라과의 독니는 대개 3~5밀리미터인 데 비해 살무사과의 독니는 무려 10~30밀리미터나 된다.

이런 독니의 서로 나른 특징 때문에 분비하는 독의 성질도 다르다. 코브라과에 속하는 독사는 상대의 근육 깊이 독을 주입하지 못하기 때문에 독의 성분이 주로 신경독Neurotoxin과 심장 근육에 손상을 주는 물질이다. 물린 부위의 국소 증상은 심하지 않아 무섭게 부어오르거나 조직이 급속히 괴사하는 일은 거의 일어나지 않지만 신경가스 같은 독가스를 흡입했을 때처럼 호흡 근육이 마비되거나 갑작스레 일어난 심장마비로 사망하게 된다. 반면에 살무사과에 속하는 독사는 상대의 근육 깊숙이 독을 주입할 수 있어서 독의 성분이 주로 조직 괴사와 혈액 응고 장애를 일으키는 물질이다. 물린 부위가 심하게 부어오르고 괴사도 급속히 진행되며 혈액 응고 장애로 뇌출혈이나 심각한 복부 장기 출혈을 일으켜 사망하게 된다.

　이런 점을 고려했을 때, 클레오파트라가 실제로 코브라 독을 선택했다면 현명한 판단이었다. 살무사과의 독이었다면 독을 주입한 부위가 심하게 부어오르고 괴사가 급속히 진행되어 시커멓게 변했을 테고 혈액 응고 장애와 복부 장기 출혈로 바닥에다 피까지 잔뜩 토했을 것이기 때문이다. 살아 있는 여신에게는 그런 '끔찍한 죽음의 모습'은 전혀 어울리지 않는다. 코브라의 독을 선택한 덕분에 클레오파트라는 깊은 잠에 빠진 듯 차분한 모습으로 죽음을 맞이할 수 있었을 것이다.

비말,
세계 대전과 스페인 독감

1

겨울이 지나고 동장군은 사라졌지만 여전히 새벽 공기가 차가웠다. 특히 태양이 지평선 너머로 떠오르기 직전 먼동이 터올 때가 가장 추웠다. 그레고리는 거북이처럼 목을 움츠리고 양 손을 입 앞에 모아 쥐고 힘껏 입김을 불어 보았지만 추위는 조금도 나아지지 않았다.

'젠장, 차라리 겨울이 좋았어.'

확실히 그랬다. 겨울이 나았다. 바람이 불고 눈이 내리고 훨씬 추웠지만 그 덕분에 참호 주변도 얼어붙었기 때문이다. 얼어붙은 땅은 새 참호를 파기에는 최악이었지만 이미 1년 전에 완성된 참호는 때때로 보수가 필요할 뿐 새로 팔 일은 없었다. 그러니 얼어붙은 땅이 녹으면서 참호 안이 진흙탕으로 변하는 봄보다 차라리 꽁꽁 얼어붙은 겨울이 나을 수밖에 없었다. 평균적으로 2미터가 조금 넘는 깊이로 참호를 파기 때문에 비가 내리지 않아도 바닥에는 저절로 물이 고였고, 독일군 참호가 대부분 고지대에 위치한 것에 비해 영국군 참호는 저지대에 자리 잡은 경우가 많아서 물이 훨씬 더 많이 고였다.

영국군은 궁여지책으로 참호 바닥에 물이 고이는 자리를 더 깊게 파고 그 위에 나무판자를 깔아서 조금이라도 쾌적한 환경을 만들어 보려고 했다. 그러나 병사들이 덕보드duck-board라고 부르는 그 나무판자의 효과는 신통치 않았다. 기껏해야 바닥에 고인 물에 발이 빠져서 참호족trench-foot, 차가운 물에 발이 노출되어 발생하는 질환에 걸리는 것만 조금 줄여 주었을 뿐이다. 그런데다가 봄이 와서 얼어붙었던 땅이 녹아내리기 시작하면 바닥만이 아니라 참호 벽과 주변 땅까지 온통 진흙탕이 되어 버렸다. 게다가 독일군과 영국군이 팽팽하게 참호전을 벌였던 프랑스 동북부의 토양이 하필 모래나 자갈이 아니라 점토에 가까운 고운 흙이었다. 참호를 만들기에는 쉬웠지만 만들어진 참호란 참호는 죄다 진창으로 변했다. 1년이 훌쩍 넘는 기간 동안 참호를 파고 서로를 노려보며 엄청난 포탄을 주고받은 탓에 주변은 완전히 초토화되어 버렸다. 독일군과 영국군 사이에는 병사들의 시체와 회수하지 못한 소총, 끊어진 철조망, 버려진 참호들만 어지럽게 널려 있을 뿐 나무 한 그루, 풀 한 포기도 찾아볼 수 없는 지대가 된 것이다. '노 맨스 랜드No man's land'라 불리는 그 땅에는 황토색, 검은색, 회색 그리고 붉은색만 있을 뿐이었다.

참호 밖에 펼쳐진 노 맨스 랜드를 떠올리며 그레고리는 부르르 몸을 떨었다. 한 달 전에 정찰 나갔을 때가 떠올랐기 때문이다. 독일군이나 영국군이나 서로 상대를 염탐하고 다가올 공격에 대비해서 적의 참호로 돌격할 경로를 정하기 위해 정기적으로 노 맨스 랜드로 소규모 정찰대를 내보냈다. 정찰은 대부분 밤에 이루어지는데 한 달 전 정찰이 그레고리에게는 첫 경험이었다. 처음에는 잔뜩 긴장해서 아무것도 눈에 들어오지 않았다. 당장이라도 날카로운 독일어 고함과 함께 요란한 총성이 울리며 무수한 총알이 날아들 것만 같았다. 그러다가 차차 긴장이 풀리자 끔찍한 모습이 눈에 들어왔다. 나무 한 그루 풀 한 포기가 없고 버려진 참호와 끊어진 철조망, 버려진 소총들이 어지럽게 널려 있는 모습은 참호 속에서도 지켜봤던 장면이라서 낯설지 않았다. 그러나 약간씩 말라가면서 부패하기 시작한 시체를 커다란 쥐가 뜯어 먹는 모습은 처음이었다. 여기저기 찢기고 진흙과 피가 묻어 얼룩덜룩했지만 여전히 형태를 알아볼 수 있는 군복 입은 시체는 기관총에 난사당해 팔과 다리가 하나씩밖에 남아 있지 않았는데, 커다란 쥐가 붉은 눈을 번뜩이며 팔다리가 잘려나간 끝부분을 뜯어 먹고 있었다. 벌써 한 달이 지났는데도 눈만 감으면 자꾸 참혹했던 그 장면이 떠올랐다.

그레고리는 추위에 떨리는 손으로 주머니를 더듬어 작은 초콜릿 조각을 꺼냈다. 크리스마스 때 받았으니까 거의 석 달 넘게 갖고 있었던 것이다. '조국의 아들들은 따뜻한 식사를 먹고 있다'는 신문 기사와 달리 참호에서 배급받는 식사는 형편이 없었다. 그런 가운데 받은 작은 초콜릿 한 조각은 '천상의 음식'이나 마찬가지였다. 보통은 이가 부서질 것 같은 딱딱한 비스킷이나 구운 지 일주일이 넘어서 말라비틀어진 빵, 엄청나게 많은 순무에 말고기는 쥐꼬리만큼 섞어 넣어 끓인 정체불명의 스프가 그레고리를 비롯한 병사들의 식사였다. 그나마 그런 스프도 나오지 않을 때가 종종 있었다. 그러면 벽돌 같은 비스킷을 부셔서 싹이 난 감자든 마르고 곰팡이가 핀 당근이든 관계없이 구할 수 있는 모든 야채를 다 때려 넣어 기괴한 죽을 끓여 먹어야 했다. 형편이 그 지경이다 보니 크리스마스 때 받은 초콜릿을 아껴가며 조금씩 먹을 수밖에 없었던 것인데, 이번에는 남은 초콜릿 조각을 전부 입에 털어 넣었다. 크진 않았어도 아껴 먹으면 서너 번은 더 먹을 수도 있었겠지만 그레고리가 한입에 다 먹어 버린 이유는 간단했다. 그날 저녁까지 살아남을 것이라는 확신이 없었기 때문이다.

참호에서 멀리 떨어진 안락한 사령부에만 머무는 장군들은 그레고리 같은 말단 병사에게는 작전 계획을 알려주지 않았다. 그레고리와 함께 돌격하는 소위와 중위도 마찬가지였다. 최전선 참호front line trench, 지원 참호support trench, 예비 참호reserve trench로 이루어진 3열의 참호 가운데 지원 참호나 예비 참호에 있는 지휘소에서 근무하는 대위나 소령쯤은 되어야 대략의 작전 계획이라도 알 수가 있었다. 그런데도 곧 대규모 공격이 있으리란 사실만큼은 그레고리와 같은 말단 병사들도 짐작할 수 있었다. 심지어 노 맨스 랜드 너머에 있는 독일군 역시 알고 있을 것이다. 왜냐하면 지난 1주일 동안 영국군의 야포가 노 맨스 랜드 너머로 미친 듯이 포탄을 퍼부어 댔기 때문이다.

쉬지 않고 들리는 폭발음과 대지를 흔드는 진동에 다들 미쳐 버릴 것 같았다. 그런 포격은 보통 대규모 공격의 준비 단계였다. 그런 포격으로 적이 조금이라도 약화되길 바랐겠지만 실제로는 '공격이 임박했다'는 것만 적에게 알려 주었을 뿐이다. 영국군이 곳곳에 3열의 참호와 포격을 피할 수 있는 벙커를 만든 것처럼 독일군도 참호를 팠다. 그런데 영국군의 참호보다 독일군의 참호가 오히려 더 정교하고 튼튼하며 쾌적했다. 포격을 1주일이 아니라 2주, 3주 동안 퍼붓는다 해도 참호와 벙커에 꼭꼭 숨어 있는 독일군에게는 별다른 피해를 주지 못할 것이다. 그래서 그레고리는 그런 포격을 퍼붓는 이유를 이해할 수 없었다. 차라리 포격 없이 기습하는 쪽이 낫지 않을까? 그러나 그레고리는 고작 말단 병사였을 뿐이다. 훈장을 주렁주렁 단 '나리들'이 계획을 세우고 명령하면 그레고리와 같은 병사들은 묵묵히 따를 수밖에 없었다.

"전원 착검!"

소대장의 목소리가 들렸다. 그레고리는 입 안에 남아 있는 초콜릿의 달콤함을 음미하며 리엔필드 소총의 긴 총신 앞에 단검을 끼웠다. 참호의 깊이가 2미터가 넘어서 한번에 뛰어나가기 어려웠기 때문에 임시 발판도 준비되어 있었다. 아직은 태양이 지평선 위로 떠오르지 않았지만 어둑어둑하던 주위가 점차 또렷해지는 상황에서 잠깐 동안 긴장 가득한 침묵이 감돌았다.

"삐이익 삐이익~"

요란한 호루라기 소리가 침묵을 깨뜨렸다. 전선 전체에서 수많은 호루라기가 거의 동시에 울려 댔다. 몇 개 사단 전체의 중대장과 소대장들이 일제히 분 호루라기 소리가 마치 아침을 깨우는 소리처럼 느껴졌다. 호루라기 소리가 울리자마자 그레고리는 발판을 박차고 참호 밖으로 뛰어나갔다. 이제 막 지평선 저편에서 모습을 드러내기 시작한 태양, 그 태양이 비추는 노 맨스 랜드의 황량한 풍경, 요란한 호루라기 소리가 꿈처럼 비현실적으로 다가왔다. 그러나 옆에 선 동료 병사가 힘없이 앞으로 고꾸라지는 순간 그레고리는 현실로 돌아왔다. 그러고는 힘을 다해 달리기 시작했다. 포탄이 터지면서 흙먼지와 함께 병사들이 솟구쳤다 떨어지고 팔다리가 피를 뿌리면서 날아가기도 했지만, 그레고리는 고개를 돌리지 않고 계속 뛰었다. 흙먼지와 피를 뒤집어쓴 채 포탄을 뚫고 노 맨스 랜드 중간에 이르자 병사들이 가장 두려워하는 소리가 들려왔다. 규칙적인 박자로 울리는 '타타타' 하는 폭음, 바로 기관총 소리였다.

돌격을 가로막는 장애물을 쓸어버리기 위해 지난 1주일 내내 포격을 퍼부은 덕분에 노 맨스 랜드에는 장애물이 없었지만 동시에 엄폐물도 없었다. 용감하게 돌격하던 병사들은 독일군의 성능 좋은 기관총에 속수무책으로 쓰러졌다. 그레고리 역시 총탄을 피하지 못했다. 처음에는 힘센 사람이 뒤에서 자신을 잡아당긴다고 느졌다. 거구의 레슬러가 목덜미를 잡고 뒤로 잡아끄는 것처럼 뒤쪽으로 밀리면서 그레고리가 쓰러졌다. 뜨거운 액체가 군복을 적셨고 숨이 가빠지는 것을 느꼈다. 그때 멀리서 퇴각을 알리는 호루라기 소리가 들려왔다. 그것은 그레고리의 짧은 삶이 끝났음을 알리는 소리이기도 했다.

2

19세기 말 유럽은 아주 독특한 평화를 만끽했다. 1871년 보불 전쟁이 나폴레옹 3세의 항복과 독일제국의 성립으로 마무리된 후 40년 남짓한 긴 시간 동안 주요 강대국 간에 전면전이 없었다. 르네상스 이후 유럽 역사에서 유례를 찾기 힘든 긴 평화였지만 그렇다고 무기를 내려놓고 서로 손을 맞잡으며 공동의 번영을 추구하는 평화와는 거리가 멀었다. 오히려 손에 총을 굳게 움켜쥐고 등에는 폭탄을 잔뜩 짊어지고 부릅뜬 눈으로 서로를 노려보는 기묘한 대치에 가까웠다. 그런 기묘한 대치 상태를 만든 사람은 독일의 유능한 정치가 비스마르크였다.

'철혈 재상'이란 별명과 달리 냉정하면서도 유연한 현실주의자였던 비스마르크는 그런 '무장 평화'만이 독일뿐 아니라 유럽 전체가 대규모 전쟁을 피할 수 있는 현실적인 방법이라고 판단했다. 경박한 정치가의 도박이나 즉흥적인 사건 하나가 간신히 맞추고 있는

'힘의 균형'을 무너뜨려 재앙을 일으키는 것을 방지하기 위해 동맹과 조약을 통해 복잡한 안전장치를 만들었다.

그러나 비스마르크가 실각하고 젊고 충동적인 빌헬름 2세가 본격적으로 독일제국을 이끌면서 상황이 달라졌다. 빌헬름 2세는 비스마르크가 애써 만든 안전장치를 모두 무력화시켰고 유럽은 독일, 오스트리아-헝가리제국, 오스만튀르크제국의 동맹과 영국, 프랑스, 러시아의 동맹으로 양분되었다. 결국 오스트리아-헝가리제국의 황태자가 세르비아 민족주의자에게 암살당하는 사건이 터졌고 오스트리아-헝가리제국이 그 사건의 책임을 물어 세르비아를 침공했다. 그러자 세르비아의 동맹이었던 러시아도 오스트리아-헝가리제국에 선전포고를 했다. 이어서 오스트리아-헝가리제국의 동맹인 독일이 러시아에 선전포고를 했고 다시 러시아의 동맹인 영국과 프랑스가 독일에 선전포고를 하게 되면서 유럽 전체가 전쟁의 소용돌이에 휘말렸다.

당시 사람들은 유럽 전체가 휘말린 전쟁이 얼마나 길고 참혹할지 예상하지 못했다. 40년 남짓한 긴 평화를 누려온 사람들은 전쟁의 참혹함을 잊었고, 그 때문에 처음에는 애국심에 도취해 여론은 '낭만적인 모험'쯤으로 받아들이는 경향이 강했다. 자원입대가 쇄도했고 다들 기껏해야 몇 주, 길어도 반년쯤이면 전쟁이 끝날 거라고 생각했다. 사람들이 19세기 후반의 40년 동안 이루어진 과학기술의 발전을 고려하지 않았던 것이다. 심지어 황제, 왕, 수상, 대통령 같은 고위 정치가들이나 직접 전쟁을 지휘하는 장군들조차 1차 대전을 19세기 전쟁과 똑같을 것이라고 생각했다. 고작해야 나폴레옹전쟁이나 1871년의 보불전쟁을 떠올렸을 뿐이다.

평화를 누리던 40년 동안 눈부시게 발전한 과학기술은 철조망과 기관총은 물론이고 강력한 화력의 후장식 대포 같은, 이전에 없던 무기들을 전장에 선보였다. 하지만 정작 전쟁을 지휘하는 장군들은 그런 무기의 의미를 알아차리지 못해 전투 방식도 19세기처럼 보병이 정면으로 전진하고 돌격하는 것이 전부였다. 덕분에 파리를 점령하려는 독일의 초반 공세는 마른 전투에서 저지되었고 양쪽 군대가 프랑스 동북부에서 참호를 파고 대치하게 되자 비극이 벌어졌다. 철조망과 기관총의 위력을 이해하지 못한 영국군과 프랑스군의 장군들이 독일군 진지를 향해 병사들을 돌격시켰기 때문이다. 19세기 방식으로 소총에 총검을 꽂고 정면으로 돌격한 병사들 대부분은 기관총에 쓰러졌고 가까스로 독일군 진지에 도달한 병사들도 철조망에 걸려 최후를 맞이했다. 독일군 지휘부도 크게 다르지 않았다. 영국군과 프랑스군 병사들이 기관총과 철조망 앞에서 몰살당하는 것을 보면서도 독일군 병사들에게 똑같이 돌격 명령을 내렸기 때문이다.

결국 서부전선에서는 전쟁 내내 기관총과 철조망으로 단단히 무장한 참호를 향해 병사들이 무의미하게 돌격하고 몰살당하는 비극이 반복되었다. 따지고 보면 전쟁이 끝난 것도 독일에서 혁명이 일어나 황제가 퇴위했기 때문이었다. 서부전선에서는 전쟁이 끝날 때까지 양쪽 모두 상대방의 참호를 돌파하지 못했다.

이런 이유로 1차 대전은 당대 사람들에게 이전의 모든 전쟁과 완전히 구별되는 끔찍한 기억을 남겼다. 그리고 이전까지 '과학기술의 발전'이 가져온 긍정적인 영향만을 바라보던 사람들이 드디어 부정적인 영향에도 주목하기 시작했다. 철조망, 기관총, 독가스, 1차 대전에서 사용한 끔찍한 대량살상 무기들 모두 과학기술의 발전이 만든 괴물이자 19세기에는 존재하지 않았던 것들이었기 때문이다. 그래서 역사학에서는 1차 대전이 발발한 1914년을 실질적인 20세기의 시작으로 간주한다. 19세기에는 없었던 새롭고 끔찍한 전쟁을 경험했고 그 전쟁을 통해 완전히 새로운 세상이 도래했기 때문이다.

그 시기에 찾아온 '19세기에는 없었던 새롭고 끔찍한 경험'은 전쟁만이 아니었다.

3

전쟁에서 가장 흔한 사망 원인은 무엇일까? 민간인까지 포함하면 계산이 복잡해지니 군인으로만 범위를 제한하기로 하자. 그러면 아마 대부분은 왜 그런 시답잖은 질문을 하느냐는 표정으로 '전사'와 '부상 후유증으로 인한 사망'이라고 대답할 것이다. 그러나 실제로 20세기가 도래하고 현대의학이 본격적으로 힘을 발휘하기 전까지 전쟁에서 군인들의 생명을 앗아가는 가장 큰 원인은 뜻밖에도 '질병'이었다. 고대부터 19세기까지 군대는 젊고 건강한 남자의 집단이라서 그것만으로도 전염병이 퍼지기 좋은 환경이었고 심부름꾼부터 매춘부까지 군인들의 다양한 필요를 충족시켜 주는 거대한 민간인 집단이 군대를 따라다녔기 때문에 전염병을 일으키는 미생물의 처지에서는 '최적의 번식 장소'였다. 아울러 당시 군대의 불결한 위생 상태는 사람과 사람 사이에서 퍼지는 전염병만이 아니라 벼룩, 진드기, 파리, 모기, 쥐 같은 곤충과 동물을 매개로 하는 전염병에도 최적의 조건이었다.

1차 대전 때도 다양한 종류의 전염병이 병사들을 괴롭혔다. 특히 참호전이 벌어진 서부전선에서는 발진 티푸스(병사들 사이에 워낙 흔하게 나타나는 질병이어서 병사열camp fever이란 별명도 있다)가 맹위를 떨쳤다. 그러나 다들 서부전선의 끔찍한 참호전에 놀라서 넋을 잃은 사이, 한 번도 경험해 보지 못한 무시무시한 전염병이 다가오고 있었다.

처음에는 대수롭지 않았다. 1918년 초 열병 환자가 발생했는데 이전에도 겨울에는 그런 증상이 드물지 않았고 인플루엔자라는 병명도 알려진 상태였기 때문이다. 이전에도 겨울마다 찾아오던 '고전적인 인플루엔자'는 갑작스럽게 발열, 오한, 근육통, 두통, 쇠약감이 나타나 4~5일 동안 지속되었다. 콧물, 기침, 가래 같은 상부 호흡기 증상upper respiratory symptom이 자주 동반되곤 했지만 젊고 건강한 성인의 경우에는 대개 2~3주 안에 회복했다. 다만 영유아, 노인, 만성 질환 환자일 경우에는 폐렴pneumonia 같은 치명적인 합병증이 나타날 가능성이 컸고 사망률mortality도 높았다. 겨울마다 늙고 병든 사람이 인플루엔자와 그 합병증인 폐렴으로 죽음을 맞이하는 것은 20세기 초반의 사람들에게 특별한 일이 아니었다. 슬프고 안타깝긴 했지만 겨울마다 반복하는 일상에 가까웠다.

그런데 1918년 초의 인플루엔자는 조금 달랐다. 물론 이전과 다르지 않게 늙고 병든 사람들이 많이 사망했다. 그런데 이전이었다면 2주면 회복했던 젊고 건강한 성인들조차 1주일을 버티지 못하고 사망하는 사례가 나타나기 시작했다. 젊고 건강한 사망자의 경우 죽음을 맞이하는 모습도 끔찍했다. 오한과 고열이 며칠 동안 환자를 괴롭히고 나면 기침을 할 때마다 피가 섞인 묽은 거품 같은 액체를 토해냈다. 그르렁거리는 소리와 함께 아무리 힘껏 숨을 쉬어도 숨이 막힌다고 호소했고 손톱과 발톱부터 검푸르게 변해 가다가 마지막에는 호흡수가 분당 50회(정상적인 호흡수는 12~20회)까지 치솟아 몸통의 모든 근육을 이용해서 가슴을 짜내듯이 헐떡이

다가 결국에는 의식을 잃고 숨을 거두었다.

이렇게 이전과 전혀 다른 양상의 인플루엔자는 1918년 초 스페인을 중심으로 나타나서 '스페인 독감Spanish influenza'이란 이름을 얻었다. 하지만 스페인이 정말 대유행pandemic의 중심이었는지는 확실치 않다. 왜냐하면 1918년 11월 11일로 1차 대전이 끝날 때까지 독일, 영국, 프랑스, 미국, 이탈리아, 오스트리아-헝가리제국 등 참전국들에서는 선전 활동을 위해 언론을 통제했기 때문에 젊고 건강한 사람이 1주일 만에 사망하는 무시무시한 질병이 발생했어도 숨겼을 가능성이 크다. 그래서 참전하지 않아 언론을 통제하지 않았던 스페인의 소식만 유독 크게 알려졌을 것이다. 어쨌거나 봄이 지나면서 인플루엔자의 확산은 주춤해졌다. 사람들은 안도했고 여름이 되면 사라졌던 이전의 인플루엔자처럼 스페인 독감도 물러갔다고 판단했다.

그러나 모두가 안심한 순간, 전염병은 한층 더 무서운 얼굴로 돌아왔다. 9월에 접어들자 유럽과 미국뿐만 아니라 아시아와 아프리카에서도 환자가 발생했다. 1918년 봄에 유행했던 인플루엔자와 마찬가지로 15세부터 35세 또는 20세부터 40세 사이의 젊고 건강한 성인의 사망률이 유독 높았고, 대부분 1~2주라는 짧은 기간 만에 '소름끼치는 모습'으로 사망했다.

그때부터 요한계시록이나 노스트라다무스의 예언서에 나올 법한 상황이 벌어졌다. 가족 가운데 환자가 없는 집이 드물 정도로 많은 사람이 고열과 근육통을 호소했다. 앞에서도 여러 번 설명했던 것처럼 젊고 건강한 사람이 아픈 지 1~2주 만에 묽은 피가 섞인 거품을 토하면서 손발에서 시작해서 얼굴까지 검푸르게 질려서 죽어나갔다. 그렇다고 늙고 병든 사람이 사망하지 않는 것도 아니었다. 겨울마다 찾아오던 여느 인플루엔자처럼 당연히 늙고 병든 사람은 취약했다. 다만 1918년에 늙고 병든 사람 가운데 사망자가 적었던 것이 아니라 젊고 건강한 사람이 너무 많이 죽었기 때문에 상대적으로 큰 관심을 끌지 못했을 뿐이다.

병원은 몰려드는 환자로 북적였고 환자가 너무 많아서 진료를 기다리다가 사망하기도 했다. 의사와 간호사들까지 감염되어 사망자들이 생기면서 의료체계마저 마비되었다. 학교가 문을 닫았고 공장도 멈추었으며 작은 마을에서는 주민 대부분이 사망해서 빈 건물만 남아 있는 경우도 있었다. 그럼에도 불구하고 전염병을 막기 위해 할 수 있는 일이라고는 거의 없었다. 1921년 전염병이 완전히 사라질 때까지 무려 오천만 명에서 일억 명이 사망했다.

4

독감, 인플루엔자는 바이러스가 원인인 감염성 질환이다. 인플루엔자 바이러스는 오소믹소바이러스Orthomyxovirus에 속하는 RNA

바이러스로, 다양한 동물을 감염시키는데 인간, 조류, 돼지가 주된 대상이다. 다만 인간, 조류, 돼지에게는 각각 구별되는 인플루엔자 바이러스가 있고 종을 뛰어넘어 감염이 발생하는 사례는 드물다. 인플루엔자 바이러스는 종류에 관계없이 춥고 건조한 계절에 위력을 발휘하기 때문에 주로 가을부터 봄 사이에 발생한다. 감염 경로는 비말droplet로 환자가 기침이나 재채기를 할 때 나오는 작은 침방울에 호흡기와 구강의 점막이 노출되었을 때 전염된다.

그런데 드물지만 돼지의 인플루엔자 바이러스가 인간을 감염시키거나 조류의 인플루엔자 바이러스가 인간을 전염시키는 사례도 있다. 마찬가지로 인간의 인플루엔자 바이러스가 돼지나 조류를 감염시킬 때도 있다. 그런 일이 생기는 이유는 변이가 쉽게 일어나는 RNA 바이러스의 특성 때문이다. 예를 들어 돼지의 인플루엔자 바이러스는 원래 인간을 감염시킬 수 없고 설령 감염되더라도 별다른 증상이 나타나지 않는다. 그러나 인간을 효율적으로 감염시킬 수 있는 변이가 생기면 상황은 달라진다. 일반적인 인플루엔자 바이러스와 달리 무시무시한 사망률을 자랑하는 새로운 인플루엔자 바이러스가 탄생할 수 있기 때문이다.

바이러스가 변이를 통해 새로운 종을 감염시킬 때 유독 무시무시한 증상이 나타나고 사망률도 높은 이유에 대해서는 몇몇 가설이 존재한다. 가장 그럴듯한 가설은 '숙주와 바이러스 간 공생'을 근거로 한 것이다. 모든 생명체의 목표는 자신과 같은 후손을 남겨 번성하는 것이다(바이러스는 독자적으로 생존할 수 있는 기능의 상당 부분이 부족한 존재로, 엄격히 말해 생명체의 요건을 모두 갖추지는 못했지만 기본적으로는 생명체와 유사한 성향을 갖고 있기 때문에 여기서는 '생명체다, 아니다'를 문제 삼지 않겠다). 그러니 바이러스 입장에서는 최대한 많은 숙주를 감염시켜야 한다.

그런데 감염된 숙주가 너무 빨리 그리고 너무 쉽게 사망하면 오히려 불리하다. 감염된 숙주가 적당히 아프면서 일정 기간 이상 생존해서 더 많은 전염을 일으켜 주어야 바이러스의 생존에 더 유리하기 때문이다. 세균도 마찬가지다. 바이러스든 세균이든 대부분의 감염성 질환은 시간이 지날수록 사망률이 감소하는 경향이 있다. 그래서 바이러스가 변이를 통해 새로운 종을 감염시킬 능력을 획득한 초기에는 바이러스와 숙주가 서로 낯선 상태에서 무시무시한 증상과 높은 사망률을 보이지만 차차 바이러스가 숙주에 적응하면서 사망률이 낮아진다.

그런 면에서 보았을 때 1918년 스페인 독감의 사망률이 지나치게 높고 특히 일반적인 인플루엔자와 달리 젊고 건강한 성인들까지 많이 희생되었던 이유는, 당시 유행했던 인플루엔자 바이러스가 인간을 주로 감염시키던 종류가 아니라 조류를 주로 감염시키던 종류였기 때문이다. 새를 주로 감염시키던 인플루엔자 바이러스가 변이를 통해 인간을 감염시킬 수 있는 능력을 획득하면서 재앙이 발생한 셈이다. 2009년 세계를 공포에 몰아넣은 '신종플루' 역시 원래 돼지를 주로 감염시키던 인플루엔자 바이러스가 변이해 인간 사이에서 대유행을 일으켰던 경우다.

그런데 2009년 대유행을 일으켰던 신종플루에 비해 1918년의 스페인 독감이 훨씬 더 끔찍한 재앙을 빚은 이유는 무엇일까? 단순히 돼지에서 기원한 2009년의 신종플루 바이러스보다 조류에서 기원한 1918년의 스페인 독감 바이러스가 더 강력했기 때문일까? 물론 1918년의 인플루엔자 바이러스가 훨씬 강력했을 가능성도 있지만 적게는 오천만 명, 많게는 일억 명에 이르는 사망자가 발생한 데에는 여러 원인이 있다.

우선, 1918년 당시는 인류가 이전에는 한 번도 경험해 보지 못한 참혹한 전쟁, 그것도 몇몇 국가만의 싸움이 아니라 문명 세계 전체가 휘말려 들었고 한층 발전한 무기로 대량학살이 자행된 '세계 대전'의 끄트머리였다는 점이다. 양측이 직접 대량학살을 자행했던 무대인 유럽만이 아니라 대부분이 식민지였던 아시아와 아프리카까지 전쟁에서 자유롭지 못했다. 아메리카 역시 미국의 참전으로 예외가 아니었다. 게다가 더 많은 상대를 효과적으로 살해하는 것에만 자원을 집중적으로 쏟아 붓다 보니 평소보다 더 많은 사람이 굶주릴 수밖에 없었다.

두 번째로, 1918년에는 항생제도 없었고 현대적인 인공호흡기도 존재하지 않았다는 점이다. 인플루엔자의 합병증으로 발생한 심한 세균성 기관지폐렴bronchopneumonia과 바이러스에 대한 지나친 면역 반응(폐에 있는 인플루엔자 바이러스를 잡기 위해 지나치게 강한 면역 반응이 일어나 바이러스뿐만 아니라 폐 조직을 파괴하는 상황)이 초래한 급성 호흡곤란 증후군acute respiratory distress syndrome이 스페인 독감의 주요 사망 원인이었다는 것을 감안하면 항생제와 인공호흡기는 가장 중요한 치료 도구다. 그러나 최초의 항생제인 페니실린은 1940년대 중후반에야 상용화되었고 현대적인 인공호흡기 역시 1940년대 후반부터 1950년대 와서야 보급되었다.

세 번째로, 1918년에는 인플루엔자 백신이 존재하지 않았고 항바이러스제도 없었다는 점이다. 19세기 중후반부터 다양한 질병의 백신을 개발하려는 노력이 이어졌지만 인플루엔자 백신은 없었다. 또 당시에는 짧은 기간 안에 새로운 질병에 대한 백신을 개발할 만한 기술이 없었고 대량생산 수단도 부족했다. 앞서 말했듯이 최초의 항생제인 페니실린이 상용화된 것이 1940년대 중후반이니 한층 복잡한 항바이러스제는 말할 것도 없었다.

그렇다 보니 1918년 스페인 독감의 대유행에 맞서던 의료진이 선택할 수 있는 무기는 극히 제한적이었다. 환자에게 아스피린이나 모르핀 같은 진통제를 투여하고 정맥주사로 수액을 공급하는 정도가 그들이 할 수 있는 치료의 전부였다. 백신도 없었으니 대유행을 억제하기 위해 취할 수 있는 수단도 아주 기초적이었다. 비말로 전염하는 만큼 사람들이 많은 공공장소를 피하고 가까운 가족이라도 꼭 필요한 경우가 아니면 접촉을 삼가고 마스크를 쓰고 손씻기를 자주하면서 시간이 흘러 대유행이 끝나기만을 기다리는 것이다.

인류는 그렇게 세계 대전과 전염병 대유행이라는, 이전에는 한 번도 경험해 보지 못한 재앙과 마주하며 20세기를 시작했다. 아마 21세기에도 상황은 크게 변하지 않을 것이다.

물린 자국과 침의 DNA

1

배심원의 평결을 기다리는 그는 매력적인 사내였다. 가르마를 타서 오른쪽으로 단정하게 빗어 넘긴 약간 곱슬거리는 갈색 머리카락, 약간 넓지만 탈모와는 거리가 먼 이마, 또렷한 눈썹과 그에 어울리는 깊은 눈매, 오똑한 콧날과 약간 얇은 입술이 살짝 길고 갸름한 얼굴에 조화롭게 자리 잡았다. 생각에 잠겨 이마에 서너 줄의 멋진 주름이 만들어지면 지적으로 느껴졌고 눈가에 잔주름이 잡히는 미소를 머금으면 어떤 여성도 그의 데이트 신청을 거절하기 힘들 것 같은 바람둥이처럼 보였다. 약간 마른 체격에 넥타이와 셔츠를 챙겨 입은 정장이 잘 어울렸다. 차림새만으로 보면 법정에서 그에게 가장 어울리는 역할은 변호사였다. 때로는 이마에 잔뜩 주름을 만든 지적인 모습으로, 때로는 눈가에 잔주름이 잡히고 치아를 드러내지 않고 살짝 머금은 미소로 배심원들의 마음을 감쪽같이 빼앗아 성공적으로 피고를 변호하는 변호사로 누가 봐도 제격이었다.

실제로 그의 변호는 상당히 훌륭했다. 이례적으로 재판 전체의 텔레비전 생중계가 허락되어 많은 방송 카메라와 기자들이 지켜보는 가운데 진행된 재판에서 그는 배심원을 비롯한 청중들을 웃기고 검사를 궁지로 몰아넣으면서 모두의 관심을 독차지했다. 자신의 매력을 십분 활용했고 법률 지식도 부족하지 않았으며 유머 감각도 빼어났다. 판사조차 그에게 약간의 호의를 보이는 상황이어서 담당 검사의 표정은 밝지 않았다. 다만 그는 변호사가 아니었다. 로스쿨 중퇴가 그가 법조계에서 지닌 경력의 전부였다. 그럼에도 불구하고 그가 변호사처럼 행동할 수 있었던 이유는 미국 법률에서 피고가 스스로 자신을 변호하는 것을 허용하고 있기 때문이었다. 정확히 말하면 그는 '피고'였다. 살인 혐의를 받고 있었으며 심지어 한두 건이 아닌, '연쇄 살인범'이었다.

그런데도 그는 자신만만했다. 다만 배심원 대표가 나타나 평결문을 읽기 위해 마이크 앞에 나와 설 때까지만이었다.

"플로리다 주 제2재판구 데이트 카운티 순회법원 사건번호 78670 플로리다 주 대 시어도어 번디 평결문. 플로리다 주 마이에미 데이트 카운티의 배심원단은 1979년 7월 24일 피고인 시어도어 로버트 번디 관련 기소장의 2번 죄목 마거릿 보먼에 대한 일급살인을 기소대로 유죄로 인정하고 기소장의 3번 죄목 리사 리비에 대한 일급살인을 기소대로 유죄로 인정한다."

그 순간 분위기는 완전히 달라졌다. 자신만만했던 태도는 사라졌다. 이마에 주름을 지으며 깊은 생각에 빠지지도 않았고 눈가에 잔주름이 잡히는 미소를 머금으며 어쩔 수 없네, 하는 표정도 짓지 않았다. 영혼이 빠져나간 사람처럼 보였다. 재판 내내 한 순간도 활력을 잃지 않았지만 배심원단 대표가 평결을 낭독하는 동안 그는 모든 힘이 빠져나가 버렸는지 허수아비처럼 보였다. 낙담했다거나 어두운 표정이 아니라 아예 표정이 없었다. 절망한 표정을 지을 힘조차 남아 있지 않은 것 같았다. 그것으로 끝이 아니었다. 배심원단의 유죄 평결에 따른 판사의 형량 선고가 남아 있었다. 그의 어머니가 마지막으로 선처를 호소했지만 판사는 덤덤한 표정으로 형량을 선고했다.

"본 법정은 2건의 살인 모두 참으로 극악무도하고 잔혹하다고 봅니다. 그리고 지극히 악랄하고 가공할 만큼 사악하며 극심한 고통을 준 후 목숨을 헌신짝처럼 해치기 위해 고의로 설계한 계획의 결과라고 봅니다. 따라서 본 법정은 배심원단이 완성한 평결문에 동의하며, 이에 피고인 시어도어 로버트 번디에게 사형을 선고합니다."

그는 여전히 정신을 차리지 못했다. 무죄라고 소리치거나 제발 살려달라고 울음을 터트릴 여유조차 없었다. 자신에게 벌어진 일이 현실이라는 생각을 못 하는 것 같았다. 그런 그에게 형량 선고를 마친 판사가 측은한 표정으로 말했다.

"자신을 돌보세요, 젊은이."

가까스로 평정을 찾은 그는 기계적으로 대답했다.

"감사합니다."

그러자 판사가 한층 더 측은하고 진지한 표정으로 말을 이었다.

"진심으로 하는 말입니다. 자신을 돌보세요. 그간 본 법정에서 한 인간이 완전히 낭비되는 걸 지켜보는 것은 비극이 아닐 수 없었습니다. 당신은 영리한 젊은이예요. 훌륭한 변호사가 되어 내 앞에서 변호하는 모습을 봤다면 좋았겠지만 다른 길을 갔네요. 파트너. 자신을 잘 돌봐요."

그러고는 판사는 다시 한 번 짧게 덧붙였다.

"적의는 전혀 없습니다. 그걸 알아줬으면 좋겠어요."

그렇게 시어도어 로버트 번디, '테드 번디'로 알려진 유명한 연쇄살인범의 첫 번째 재판이 모두 끝났다. 이전에 저지른 수십 건의 살인에 대한 재판이 아직 더 남아 있었지만 플로리다에서 열린 첫 재판에서 유죄 평결을 받고 사형을 선고받음으로써 번디에게 희망은 완전히 사라졌다.

사실 재판을 처음 시작할 무렵만 해도 번디에게 아주 불리하지는 않았다. 30대 초반의 번디는 이전의 연쇄살인범들과는 전혀 달랐다. 연쇄살인범보다는 변호사나 이제 막 경력을 시작한 야심만만한 젊은 정치인에 더 어울리는 외모였고, 실제로 그는 워싱턴대학을 졸업하고 유타대학 로스쿨을 다녔으며 넬슨 록펠러의 대통령 선거캠프와 다니엘 잭슨 에번스의 주지사 선거캠프에서 일하기도 했다. 심지어 그는 자살 방지 콜센터에서 상담원으로 봉사한 경력도 있어서 그때까지 사람들이 연쇄살인범 하면 떠올리는 어둡고 무섭고 포악하며 무식한 이미지와는 전혀 맞지 않는 사람이었다.

하지만 번디는 외모나 학벌로만 보아서는 상상할 수도 없는 무시무시한 살인마였다. 워싱턴대학을 졸업하고 유타대학 로스쿨을 다닐 무렵인 1970~1973년부터 젊고 아름다운 여성들을 성폭행하고 잔인하게 살해했다. 1975년 순찰차의 검문에 걸려 체포되었지만 구치소에 있는 동안 동료 죄수를 통해 줄톱을 몰래 들여왔고, 작은 공간을 통과할 수 있도록 16킬로그램이나 체중을 줄이는 영화 같은 방법으로 탈옥에 성공했었다. 그는 자신이 주로 살인을 저지르고 체포되어 재판을 기다리던 서부를 벗어나 플로리다로 도망쳤다. 거기서 그대로 조용히 살았다면 오랫동안 잡히지 않았을 텐데 어느 연쇄살인범들처럼 그도 살인 충동을 참이내지 못했다. 그는 플로리다 주립대학의 여자 기숙사인 '키 오메가Chi Omega'에 침입해서 대학생인 마거릿 보먼과 리사 리비를 잔인하게 살해했다. 그러고도 살인 충동을 억제하지 못하고 주변을 떠돌다가 체포되었고 이번에는 재판을 피하지 못했다.

그래도 앞서 말했듯 번디가 저지른 범죄에 비하면 분위기가 그리 나쁘지 않았다. 잘생긴 외모와 좋은 학벌을 지녔을 뿐만 아니라 말솜씨도 좋았고 언론을 다루는 데도 능숙했기 때문이다. 달리 보면 번디는 자신에게 쏟아지는 관심을 즐겼고, 우습고 섬뜩하게도 대중들은 그에게 열광했다. 재판에서 비록 무죄 평결은 받지 못하더라도 사형 선고만은 피할 가능성이 커 보이자 검사 측에서 형량 거래를 시도했다. 재판 과정에서 번디가 대중적 인기를 모아 배심원들이 혼란을 느낄 가능성이 있어서 사형 대신 '가석방 없는 종신형'을 선택할 기회를 준 것이었다. 그러나 번디는 형량 거래를 거부했을 뿐만 아니라 따로 변호사를 쓰지 않고 자신이 직접 변호를 하겠다고 나섰다. 터무니없을 만큼 무모한 결정이었지만 재판 중반까지는 괜찮은 선택으로 보였다. 텔레비전에서 재판을 생중계하자 번디는 일약 스타로 떠올랐고 배심원 가운데 상당수는 일급살인으로 평결하는 것을 망설일 정도였기 때문이다.

그랬던 상황은 증인 한 명 때문에 완전히 뒤집혔다. 리처드 수비런Richard Souviron이란 치과의사가 증인으로 나와서 테드 번디가 범인이 확실하다고 주장한 것이 계기였다. '키 오메카 살인 사건'의 피해자였던 리사 리비의 시체에는 일반적인 구타 말고도 심하게 물린 자국이 있었다. 치법의학이란 다소 생소한 학문의 선구자였던 수비런은 리사 리비의 시체에 남아 있는 물린 자국이 번디의 치아와 일치한다고 증언했다. 수비런은 테디 번디의 치아 X-ray 사진과 시체에 남아 있는 물린 자국, 번디의 치아를 본떠 만든 모형까지 다수의 '과학적 증거'를 제시하며 일반인과는 다른 '과학자의 말투와 단어'로 테드 번디가 리사 리비를 문 사람이 확실하다고 증언했다.

그 대목이 재판의 변곡점이었다. 전문가답고 매우 과학적으로 보이는 증언 덕분에 망설이던 배심원들도 유죄 평결을 선택할 수 있었다. 그 평결로 1980년대부터 1990년대 초반까지 시체에서 발견된 물린 자국은 범인을 체포하고 유죄 평결을 받는 강력한 증거로 대두되었다. 이른바 '물린 자국 전성시대'가 열린 셈이다.

2

2016년 4월 8일. 검은 테 안경을 낀 중년의 백인 남자가 버지니아 주립 교도소 정문을 걸어 나왔다. 꽤 많은 취재진이 몰려들었고 남자의 곁에 있는 변호사로 추정되는 정장 차림의 사람들은 하나같이 기쁜 표정이었다. 그러나 콧수염을 기르고 단정한 머리 모양을 한 남자의 얼굴에서는 기쁨보다는 회한에 잠긴 표정이 떠올랐다. 남자의 이름은 키이스 알렌 하워드Keith Allen Harward, 미국이 자랑하는 원자력 추진 항공모함인 칼빈슨호에서 수병으로 근무했던 키이스는 살인 혐의로 체포되어 33년을 복역한 끝에 '무죄 평결'을 받고 석방되는 참이었다.

그의 사건은 1982년으로 거슬러 올라간다. 1982년 해군기지가 자리 잡은 버지니아 주 뉴포트 뉴스Newport News에서 젊은 백인으로 추정되는 범인이 평범한 가정집에 침입하여 남편을 살해하고 아내를 강간하는 사건이 벌어졌다. 다행히 아내는 죽음을 면했지만 경찰이 수사에 활용할 수 있는 단서는 '해군 군복을 입은 젊은 백인 남자'라는 진술과 피해자인 아내의 몸에 남은 물린 자국뿐이었다. 경찰은 해군 병사를 상대로 수사를 진행했지만 유력한 용의자를 찾지 못했다.

6개월 후 키이스 하워드란 젊은 해군 병사가 동거녀와 다툼을 벌였고 어깨를 물린 동거녀가 그를 신고하면서 사건의 실마리가 풀렸다. 테드 번디 재판 이후 선풍적인 인기를 끈 '물린 자국'을 이용해서 경찰은 키이스 하워드가 6개월 전의 끔찍한 범죄를 저지른 범인임을 밝혀냈다. 무려 6명의 치과의사, 그것도 치법의학을 전공한 전문가가 6개월 전 사진을 찍어 보관한 물린 자국과 키이스 하워드의 치아가 일치함을 확인했다. 이런 증거는 재판에서도 강력한 힘을 발휘해서 키이스 하워드에게는 종신형이 선고되었다.

그런 키이스 하워드가 33년이 지난 후 풀려난 이유는 무엇이었을까? 이유는 간단했다. '물린 자국이 증거 능력이 없었기 때문'이다.

인간의 치아는 개인마다 독특해서 치아의 X-ray 사진으로 신원을 파악할 수는 있다. 비행기 추락 사고나 화재 현장에서 발견된 사체의 치아로 신원을 알아낼 수 있는 것도 그 때문이다. 그러나 인간의 치아가 독특하다고 해서 그 치아로 누군가를 물었을 때 피부에 남아 있는 흔적까지 독특한 것은 아니다. 피해자의 피부에 남아 있는 물린 자국과 용의자의 치아를 비교해서 범인을 찾아내는 방법은 절대 과학적이지 않다. 쉽게 말하면 '유사 과학', 즉 과학을 흉내 낸 미신에 가깝다. 그럼에도 불구하고 테드 번디 사건에서 처음으로 물린 자국이 증거로 활용되었고 테드 번디는 진짜 연쇄살인범이었기에 1980년대부터 1990년대 초반까지 미국에서 많은 사람이 억울하게 누명을 쓰고 복역했으며 심지어 사형을 당하기도 했다.

그렇다면 이제는 범인이 피해자를 물어도 잡히지 않을 수 있을까? 피해자의 피부에 남은 물린 자국은 증거가 될 수 없으니 이제 사악한 범인이 피해자를 마음껏 물어뜯을 수 있을까? 다행히도 그렇지는 않다. 물린 자국은 증거가 될 수 없지만 범인이 피해자를 물면 물린 자국만이 아니라 소량의 침도 그 자리에 고스란히 남아 있기 때문이다.

3

침의 주된 성분은 수분이다. 거기에 소량의 전해질과 단백질, 그리고 구강 점막에서 떨어져 나온 소량의 상피세포가 섞여 있다. 범인이 피해자를 물면 잡힐 가능성이 커지는 것은 바로 이 소량의 상피세포 때문이다. 상피세포는 수분, 전해질, 단백질과 달리 엄연히 인간의 세포여서 그 안에 DNA가 포함되어 있다. 개인의 유전 정보를 담고 있는 DNA는 일란성 쌍둥이처럼 매우 드문 예외를 제외하면 사람마다 달라서 범인이 피해자를 물면서 남긴 침에도 DNA가 있을 수밖에 없다. 그 DNA를 채취해서 용의자의 DNA와 비교하면 아주 쉽게 범인을 찾을 수 있다. 물린 자국과 달리 DNA는 유사 과학이 아니라 무엇보다 단단한 '진짜 과학'이다.

1990년대 초반까지만 해도 침에 포함된 상피세포로는 DNA를 제대로 추출할 수 없었다. 침 속에 있는 아주 적은 수의 상피세포에 포함된 DNA의 양이 너무 적었기 때문이다. 그러다가 중합효소 연쇄반응PCR, Polymerase Chain Reaction이란 방법을 발견하면서 상황이 달라졌다.

1983년 캐리 멀리스가 처음으로 개념을 만든 중합효소 연쇄반응은 쉽게 말하면 소량의 DNA를 뻥튀기처럼 불리는 방법이다. DNA는 각 개체의 유전 정보를 담고 있는 설계도에 해당해서 세포 분열이 일어날 때마다 필수적으로 복제되는 물질이다. 자연 상태에도 이미 DNA를 복제하는 효소가 존재한다. DNA를 복제하는 이런 효소와 DNA 재료를 아주 소량의 DNA와 함께 넣어주고 적당한 환경을 만들어주면 폭발적인 DNA 복제가 일어난다. 이로써 범인이 피해자의 상처에 남긴 침처럼 아주 소량의 DNA로도 대량의 DNA를 만들어 추출할 수 있고 용의자의 혈액이나 머리카락, 구강 상피세포에서 채취한 DNA와 비교함으로써 범인 여부를 밝힐 수 있게 된 것이다.

실제로 2018년 배우이자 유명 음악방송 진행자로 활약하던 이서

원이 동료 연예인을 성추행했을 때 핵심적인 증거는 피해자의 귀에 남은 범인의 타액에서 얻은 DNA였다. '물린 자국'으로는 많은 억울한 희생자를 만들었지만 '침'으로는 엄격한 정의를 구현한 셈이다.

밀리오네의 침뱉기 예절

1

노인은 근사하게 늙었다. 하얗게 변한 숱이 많은 곱슬머리는 양털을 떠올리게 했고 눈가와 이마의 주름은 노쇠함이 아니라 세월에 따른 연륜과 경험을 담아냈다. 시시각각 변하는 눈빛은 아직도 소년 같은 호기심을 간직했고 풍성하게 기른 수염에 살짝 가려진 입술은 기회만 잡으면 모두를 매혹시킬 이야기를 풀어낼 것만 같았다. 비록 노인의 차림새는 화려하지 않았고 겨우 '시민'이라 부를 수준이었지만 그 나이치고는 등도 굽지 않았고 걸음도 힘차고 당당했다. 그러나 노인이 조합 건물에 들어서자 몇몇 상인들의 얼굴에 경멸하는 표정이 떠올랐고 '밀리오네Milione, 백만'라며 조롱하는 투로 수군거리는 사람도 있었다. 노인은 개의치 않았다. 그런 부류와 말싸움이나 하자고 오랜만에 조합에 들른 것이 아니었다. 노인은 구석에 있는 의자에 앉아 조용히 유언장을 써내려 갔다.

대칸께서 하사한 금패, 금실로 짠 알현복, 대칸의 기병이 착용하는 은제 벨트, 또 뭐가 더 있더라? 그렇지, 이교도의 염주가 있구나. 공교롭게도 이교도의 염주는 가톨릭교회의 묵주와 모양만이 아니라 용도도 비슷했다. 노인은 넉넉하지 않은 형편에 끝까지 팔지 않고 간직해 온 '동방의 보물'을 떠올렸다. 열일곱에 고향인 베네치아를 떠나 마흔하나에 돌아올 때까지 오랜 동안의 모험이 남긴 보물은 그리 많지 않았다. 물론 마흔하나에 돌아왔을 때는 부유하다고 할 만한 정도의 재산이 있었지만 25년 가까운 시간을 감안하면 대단한 규모는 아니었다. 전체 기간 가운데 17년을 상인이나 약탈자가 아니라 '대칸의 신하'로 살았기 때문이다. 더구나 긴 모험에서 돌아와 벌인 사업도 하나같이 신통치가 않았다. 가문의 저택을 잃고 여기저기 전전할 만큼 빈궁해지지는 않았지만 딱 '시민의 체면'을 유지할 정도의 재산만 겨우 보전할 수 있었다.

"비단 짜기는 야만인이 잘할 수밖에 없어. 눈이 찢어져서 실에 집중하기 좋고 꾸부정하게 앉아 원숭이처럼 손을 빨리 움직이거든. 음식도 많이 먹지 않을 거야. 원숭이처럼 서로 몸에 있는 이를 잡아먹을 테니까."

조합 건물에 들어설 때만 해도 노인은 조용히 유언장만 작성할 생각이었지만 등 뒤에서 들리는 경박한 목소리를 외면할 수 없었다. 사내 서넛이 야만인, 그러니까 대칸이 다스리는 동방의 백성을 조롱하는 이야기를 나누고 있었기 때문이다. 고개를 돌려 힐끗 쳐다보니 사내들은 비단 상인이었다. 그들은 갤리선을 타고 가까이는 콘스탄티노플에, 멀리는 흑해 연안에 있는 조그마한 무역항에 가서 비단을 산다. 그러니 그들은 아마도 야만인이라거나 찢어진 눈을 가진 원숭이 인간이라고 부르며 업신여기는 사람들을 실제로 본 적이 없었을 것이다. 보나마나 무어인이나 아랍인, 투르크인 정도가 그들이 본 외국인의 전부였을 테니.

노인은 그 경박한 상인들이 대칸의 부하, 아니 대칸의 친척이 다스리는 한국의 병사를 만나는 장면을 상상했다. 유럽인이 '타타르'라 부르는 기병은 상인들이 상상하는 '눈이 찢어지고 키 작은 원숭이 인간'이 아니었다. 기병들은 키가 크고 건장한 전사였으며 시야가 좋은 투구와 가벼운 사슬 갑옷을 입었다. 허리에는 날카로운 검을 찼고 무소뿔을 반대로 붙여 만든 활을 들고 있었는데 전속력으로 말을 달리다가 거꾸로 돌아 화살을 날려도 어김없이 목표에 명중시켰다. 아마 그 경박한 상인들이 진짜 타타르를 만났다면 틀림없이 벌벌 떨며 오줌을 지렸을 것이다.

대칸의 도시들은 또 어떤가? 대칸이 머무는 대도뿐만 아니라 대칸의 명령을 받아 노인이 파견되었던 '하늘의 도시 킨사이'는 어떤가? 킨사이와 베네치아는 똑같이 바다를 접하고 있는 운하 도시지만 규모와 화려함에서는 전혀 비교가 되지 않는다. 수많은 운하와 그 운하를 가로지르는 만이천 개의 다리, 160만 가구가 모여 살면서 근처에서 잡은 생선뿐만 아니라 무역을 통해 온갖 과일과 채소, 육류와 곡식이 모여드는 시장은 또 어떤가? 거기에 비하면 베네치아는 초라한 어촌에 지나지 않는다. 노인은 당장이라도 경박한 상인들을 꾸짖고 싶었으나 이내 단념했다. 아무리 말해 봤자 '밀리오네! 또 몇 만, 몇 십 만, 몇 백 만 타령입니까?'라는 말로 도리어 조롱당할 것이 뻔했다.

"크아악 퉤!"

그때 상인 하나가 바닥에 침을 뱉었다 그러고 보니 조합 건물인데도 바닥은 엉망이었다. 아무나 함부로 침을 뱉었기 때문이다. 물론 거리보다야 훨씬 깨끗했지만 대칸의 궁정에서는, 아니 킨사이 같은 도시에서는 상상할 수조차 없는 일이있다. 상인들이 아마인이라 부르는 대칸의 백성이 그런 행동을 봤다면 분명히 구역질난다며 고개를 돌렸을 것이다. 대번에 노인의 눈빛이 빛났다. 그러고는 자리에서 일어나 상인들에게 다가갔다.

"자네들 또 바닥에다 침을 뱉나? 정말이지 어이가 없군. 대칸의 궁정에서는 상상할 수 없는 무례야. 대칸에서는 궁정에서뿐만 아니라 평범한 백성조차 바닥에 함부로 침을 뱉지 않네. 다들 허리에 조그마한 병이나 항아리를 차고 다니지. 신분이 높으면 금이나 은으로 만든 병을, 평민은 도자기를 차고 다닌다고. 침은 거기에만 뱉는다네. 그래야 바닥이 더러워지지 않으니까."

물론 상인들은 노인의 말을 듣는 둥 마는 둥 했다. 한 사람이 그저 '마르코 폴로님, 이제 그런 얘기 좀 그만하세요!'라고 말했을 뿐이다.

2

마르코 폴로는 1254년에 태어나 1324년에 사망했다. 베네치아의 상인 가문에서 태어난 그는 열일곱에 부친을 따라 동방으로 떠났다가 마흔하나에 돌아왔다. 17년 동안 대칸, 그러니까 당시 몽고 황제였던 쿠빌라이의 신하로 일했다고 주장하며 훗날 숱한 탐험가들의 상상력을 자극한 〈동방견문록〉을 남겼다. 물론 〈동방견문록〉이 사실과 다른 과장에서 자유롭지는 않지만, 그 무렵의 기행문이나 연대기는 모두 비슷한 문제를 가지고 있다. 〈동방견문록〉이 아예 허구라는 주장도 있지만 적지 않은 학자들이 마르코 폴로가 쿠빌라이의 수도인 대도를 비롯해서 중국의 여러 도시를 여행한 것만큼은 사실이라고 판단한다.

그 〈동방견문록〉에서 마르코 폴로는 흑사병이 덮치기 전 '중세 국제무역의 황금기'를 훌륭하게 묘사했다. 오늘날 우리가 종종 '무시무시하고 잔인한 야만인'들이 살았던 나라로 착각하는 몽고제국은 군사력은 막강했지만 야만적이지는 않았다. 오히려 동쪽으로는 한반도, 서쪽으로는 러시아와 소아시아, 북쪽으로는 만주와 시베리아, 남쪽으로는 인더스 유역까지 다스리며 다양한 종교, 사상, 민족을 포용한 선진 국가였다. 특히 몽고제국은 무역을 장려했다. 제국의 강력한 힘은 군사력에서 나오지만 그 군사력과 거대한 관료 조직을 유지하는 데는 막대한 자금이 필요했다. 그 자금이 동방과 서방을 연결하는 무역에서 나왔기 때문이다. 몇몇 학자들은 몽고제국이 몰락한 원인을 무역로를 따라 흑사병이 번지면서 무역 수입이 급감했기 때문이라고 주장하기도 한다.

베네치아로 돌아온 마르코 폴로는 얼마 지나지 않아 '밀리오네'란 경멸적인 별명을 얻었다. 대칸의 제국을 설명할 때마다 만 개의 다리, 십만 척의 함대, 백만의 주민 같은, 당시로는 상상하기 힘든 단위를 사용하는 '허풍쟁이'라고 이탈리아어로 '백만'이란 뜻의 별명을 붙여준 것이다. 그러거나 말거나 마르코 폴로는 굴하지 않고 틈만 나면 자신의 모험담을 얘기했다. 특히 길거리에서는 물론이고 호화로운 저택에서도 함부로 침을 뱉는 사람들을 보면 대칸의 나라에서는 다들 침을 뱉는 항아리를 허리춤에 차고 다닌다며 훈계할 때가 많았다. 물론 아무도 그의 얘기를 귀담아듣지 않았지만.

3

우리는 13세기의 베네치아인이 아니지만 여전히 함부로 침을 뱉는다. 이제는 침 뱉기가 예절에 어긋나며 비위생적이고 공공장소에서 하면 처벌받는 행위인데도 여전히 고치기 힘든 오랜 습관으로 남아 있는 이유는, 침 뱉기가 일종의 '영역 표시'이기 때문인지도 모른다. 대부분의 동물은 침이나 오줌, 똥 같은 분비물로 영역을 표시하고 인간도 원래는 그런 동물이었다. 때때로 침 뱉기에는 경멸, 모욕, 조롱, 저항의 의미도 담긴다. 뿐만 아니라 '침 흘리다', '침이 마르게 칭찬하다', '침도 바르지 않고 거짓말하다'처럼 침과 관련된 표현도 다양하다.

그러나 우리는 침saliva에 거의 관심을 기울이지 않는다. 이 책에서는 이런저런 침 이야기를 살펴보았다. 이 책에 실린 열세 가지 이야기만으로 침에 관련된 잡학을 모두 담아낼 수는 없었지만 무심코 지나친 침에 조금이나마 관심을 갖게 되었으리라 믿는다.

참고문헌

이야기 하나 무시무시한 침의 공포(광견병)

1. Tarantola A. Four Thousand Years of Concepts Relating to Rabies in Animals and Humans, Its Prevention and Its Cure. Trop Med Infect Dis. 2017;2(2).

2. Velasco-Villa A, Mauldin MR, Shi M, Escobar LE, Gallardo-Romero NF, Damon I, et al. The history of rabies in the Western Hemisphere. Antiviral Res. 2017;146:221-32.

이야기 둘 모기의 침(파나마운하와 황열병)

1. Frierson JG. The yellow fever vaccine: a history. The Yale journal of biology and medicine. 2010;83(2):77.

2. Freeman AH. The Mosquito of High Crimes: The Campaign against Yellow Fever during the American Construction of the Panama Canal, 1904-1905. Historia Medicinae. 2011;2(1).

3. Bres P. A century of progress in combating yellow fever. Bulletin of the World Health Organization. 1986;64(6):775.

이야기 셋 침을 마르게 하라, 1995년 3월 도쿄와 2010년 가을 대구(도쿄 지하철 사린 가스 테러)

1. Bajracharya SR, Prasad PN, Ghimire R. Management of Organophosphorus Poisoning. J Nepal Health Res Counc. 2016;14(34):131-8.

2. Tokuda Y, Kikuchi M, Takahashi O, Stein GH. Prehospital management of sarin nerve gas terrorism in urban settings: 10 years of progress after the Tokyo subway sarin attack. Resuscitation. 2006;68(2):193-202.

3. Okumura T, Hisaoka T, Yamada A, Naito T, Isonuma H, Okumura S, et al. The Tokyo subway sarin attack--lessons learned. Toxicol Appl Pharmacol. 2005;207(2 Suppl):471-6.

이야기 여섯 볼거리, 백신 그리고 핍박받는 선지자(볼거리와 MMR 백신)

1. Chang LV. Information, education, and health behaviors: Evidence from the MMR vaccine autism controversy. Health Econ. 2018;27(7):1043-62.

2. Hviid A, Hansen JV, Frisch M, Melbye M. Measles, Mumps, Rubella Vaccination and Autism: A Nationwide Cohort Study. Ann Intern Med. 2019;170(8):513-20.

3. Bankamp B, Hickman C, Icenogle JP, Rota PA. Successes and challenges for preventing measles, mumps and rubella by vaccination. Curr Opin Virol. 2019;34:110-6.

4. Deer B. Scientific misconduct: Latest MMR 'dispute' is a straw man. Nature. 2012;481(7380):145.

5. Deer B. Secrets of the MMR scare. The Lancet's two days to bury bad news. Bmj. 2011;342:c7001.

6. Deer B. Pathology reports solve "new bowel disease" riddle. Bmj. 2011;343:d6823.

이야기 일곱 어느 과학자의 실험(파블로프의 실험)

1. Marks IM. The Nobel Prize award in physiology to Ivan Petrovich Pavlov--1904. Aust N Z J Psychiatry. 2004;38(9):674-7.

2. Cambiaghi M, Sacchetti B. Ivan Petrovich Pavlov (1849-1936). J Neurol. 2015;262(6):1599-600.

3. Klimenko VM, Golikov JP. The Pavlov Department of Physiology: a scientific history. Span J Psychol. 2003;6(2):112-20.

4. Tansey EM. Pavlov at home and abroad: His role in international physiology. Auton Neurosci. 2006;125(1-2):1-11.

이야기 여덟 침으로는 가능하지 않습니다(HIV바이러스와 에이즈)

1. Greene WC. A history of AIDS: looking back to see ahead. Eur J Immunol. 2007;37 Suppl 1:S94-102.

이야기 열 흘러내리는 침(루 게릭병)

1. Brotman RG, Joseph J, Pawar G. Amyotrophic Lateral Sclerosis. StatPearls. Treasure Island (FL): StatPearls Publishing

2. StatPearls Publishing LLC.; 2020.

이야기 열하나 살아 있는 여신과 코브라(클레오파트라와 코브라 침)

1. Mohamed Abd El-Aziz T, Garcia Soares A, Stockand JD. Snake Venoms in Drug Discovery: Valuable Therapeutic Tools for Life Saving. Toxins (Basel). 2019;11(10).

2. Mohammad Alizadeh A, Hassanian-Moghaddam H, Zamani N, Rahimi M, Mashayekhian M, Hashemi Domeneh B, et al. The Protocol of Choice for Treatment of Snake Bite. Adv Med. 2016;2016:7579069.

이야기 열둘 비말, 세계 대전과 스페인 독감(인플루엔자와 비말 감염)

1. Honigsbaum M. Spanish influenza redux: revisiting the mother of all pandemics. Lancet. 2018;391(10139):2492-5.

2. Spinney L. The Spanish flu: an interdisciplinary problem. Lancet. 2018;392(10164):2552.

3. Fleming D. Influenza pandemics and avian flu. Bmj. 2005;331(7524):1066-9.

4. Martini M, Gazzaniga V, Bragazzi NL, Barberis I. The Spanish Influenza Pandemic: a lesson from history 100 years after 1918. J Prev Med Hyg. 2019;60(1):E64-e7.

5. Wever PC, van Bergen L. Death from 1918 pandemic influenza during the First World War: a perspective from personal and anecdotal evidence. Influenza Other Respir Viruses. 2014;8(5):538-46.

6. Jester B, Uyeki TM, Jernigan DB, Tumpey TM. Historical and clinical aspects of the 1918 H1N1 pandemic in the United States. Virology. 2019;527:32-7.

이야기 열셋 물린 자국과 침의 DNA(테드 번디와 물린 자국)

1. Rivera-Mendoza F, Martin-de-Las-Heras S, Navarro-Caceres P, Fonseca GM. Bite Mark Analysis in Foodstuffs and Inanimate Objects and the Underlying Proofs for Validity and Judicial Acceptance. J Forensic Sci. 2018;63(2):449-59.

2. Dama N, Forgie A, Manica S, Revie G. Exploring the degrees of distortion in simulated human bite marks. Int J Legal Med. 2019.

3. https://www.innocenceproject.org/

침 튀기는 인문학 Saliva

초판 1쇄 인쇄 2020년 8월 1일

초판 1쇄 발행 2020년 8월 10일

지은이 곽경훈

펴낸곳 아현

펴낸이 권준성

책임편집 전정숙

디자인 달오

일러스트 권준성

인쇄 벽호

주소 413-200 경기도 파주시 한빛로 43(야당동 501-59)

대표전화 031.949.5771

팩스 031.946.0986

등록번호 1999.12.3. 제66호

ISBN 978-89-5878-267-4(03470)

값 15,000원

 '그여자가웃는다'는 도서출판 아현의 미즈 브랜드입니다.

이 도서의 국립중앙도서관 출판예정도서목록(CIP)은 서지정보유통지원시스템 홈페이지
(http://seoji.nl.go.kr)와 국가자료공동목록시스템(http://www.nl.go.kr/kolisnet)에서
이용하실 수 있습니다. (CIP제어번호: CIP2020025462)